Wolfgang Bürger

Der paradoxe Eierkocher

Physikalische Spielereien aus Professor Bürgers Kabinett

Mit Illustrationen von
Matthias Schwoerer

Birkhäuser Verlag
Basel · Boston · Berlin

Die Deutsche Bibliothek – CIP-Einheitsaufnahme

Bürger, Wolfgang:
Der paradoxe Eierkocher : physikalische Spielereien aus Professor Bürgers Kabinett / Wolfgang Bürger. – Basel ; Boston ; Berlin : Birkhäuser, 1995
ISBN 3-7643-5105-5

Umschlaggestaltung: Micha Lotrovsky, Therwil
Gedruckt auf säurefreiem Papier, hergestellt aus chlorfrei gebleichtem Zellstoff
Printed in Germany
ISBN 3-7643-5105-5

9 8 7 6 5 4 3 2 1

Inhalt

3. Klassiker aus der Spielzeugkiste

4. Spielend in die Luft gehen

Vorwort

Können Sie eine Büroklammer zu einem erstklassigen Kreisel biegen? Wissen Sie, warum Eierkocher mit mehr Eiern weniger Wasser brauchen, oder trauen Sie sich zu, aus einem Stück Alufolie mit nur einer Stecknadel eine Lupe zu machen, die achtfach vergrößert? Wie groß, glauben Sie, muß ein Heißluftballon mindestens sein, damit er an einem Sommertag aufsteigen kann?

Auf diese und ähnliche Fragen der Spielzeug- und Alltagsphysik versucht dieses Buch Antworten zu geben. Doch geht es dabei nicht um vordergründige Erklärungen. Bei einfachen Spielzeugen oder alltäglichen Beobachtungen, über die sich aus Gewohnheit niemand mehr wundert, würde die Antwort «weil» auf die Frage «warum?» die Leser nur langweilen. Lieber möchte ich an Beispielen zeigen, daß in den einfachsten Vorgängen bei genauem Hinsehen viel Überraschendes zu entdecken ist. Manchmal gelingt es, einen Gedankengang sogar in eine Paradoxie münden zu lassen – einen Scheinwiderspruch, der sich jedoch durch eine neue Sicht der Dinge auflösen läßt. Als Autor der physikalischen Spielereien fühle ich mich in der Tradition von Martin Gardner, der zwei Jahrzehnte lang die Mathematischen Unterhaltungen für den «Scientific American» schrieb. Er konnte seinen Lesern nur einen kleinen Teil des riesigen und immer weiter wachsenden Gebietes der Mathematik nahebringen, hat ihnen aber damit etwas von dem Abenteuer des Denkens in der Mathematik erschlossen. Ich wäre zufrieden, wenn es mir gelänge, Ähnliches in der Physik zu erreichen: daß die Leser nicht nur den Autor denken lassen (wie

weiland Kaiser Franz Joseph seine Berater), sondern Mut fassen, selber nachzudenken.

Die Mehrzahl der ausgewählten Aufsätze wurde in ähnlicher Form zwischen 1988 und 1994 als «Kabinett» im Monatsmagazin «Bild der Wissenschaft» veröffentlicht, ausgenommen der «Eierwettlauf», die «Straßenbahn-Paradoxie», die «Sozialismus-Maschine» und die beiden Abhandlungen über das «Jojo» und das «Slinky».

Der gelehrte Onkel Albert, das lustige Faktotum August und Hund Pi, der clevere Pragmatiker, sind die Protagonisten des Physikalischen Kabinetts, dem kundigen Leser aus «bild der wissenschaft» wohlbekannt; sie begleiten ihn auch durch dieses Buch und stellen sich in den nebenstehenden Zeichnungen selbst vor. An dieser Stelle sei auch Matthias Schwoerer, dem Cartoonisten des Physikalischen Kabinetts, für die Anfertigung zahlreicher neuer Zeichnungen gedankt.

In allen Artikeln wird der Bogen von einer vollständigen umgangssprachlichen Darstellung des Themas bis zum einfachsten mathematischen Modell geschlagen, das es fortgeschrittenen Schülern und Lehrern ermöglichen sollte, ungefähre Zahlenwerte wichtiger physikalischer Parameter wie Geschwindigkeiten, Kräfte, Wirkungsgrade usw. auszurechnen. Dieses «mathematische Korsett» ist kein Luxus, sondern notwendiger Bestandteil einer Popularisierung von Wissenschaft, die nicht im Un-

gefähren steckenbleiben soll. Es ist kein Zufall, daß zahlreiche Themen des Buches bereits zu «Problemen des Monats» für die Begabtenförderung im Fach Physik an den Schulen Baden-Württembergs wurden.

Bei einem so bunten Strauß von Einzelthemen fühlte ich gelegentlich das Bedürfnis, mich des Rates von Spezialisten zu versichern. Allen, die mich unterstützt haben, voran meinen Karlsruher Kollegen und Dipl.-Ing. Werner Heinzerling vom Deutschen Museum in München, danke ich für ihre Hilfe. Ich bedanke mich bei meinen Mitarbeitern, namentlich Dipl.-Ing. Markus Raabe, für die kritische Durchsicht von Manuskripten und zahlreiche Verbesserungsvorschläge. Meiner Sekretärin, Claudia Gäng, sei Dank für die immer rasche und sorgfältige Reinschrift der Manuskripte. Besonders herzlich danke ich Linde, meiner lieben Frau, für unermüdliche Ermutigung und konstruktive Kritik, die viel zum Gelingen beigetragen haben. Trotz aller Fahndungen wird es einigen Fehlern oder Irrtümern gelungen sein, unerkannt durch alle Kontrollen zu schlüpfen. Lesern, die sie dingfest machen, wäre ich für eine Mitteilung dankbar.

Wolfgang Bürger
Karlsruhe, im März 1995

1.
So alltäglich wie paradox

Die Fahrrad-Abstimmung

Die gehorsame Garnrolle: Bevor ich Ihr Fahrrad zum Problem mache, möchte ich an ein kleines, fast vergessenes Spielzeug erinnern, das ich bei meiner Großmutter kennenlernte. Solange ihre Augen noch gut waren und sie viel nähte, gab es in ihrer kleinen Mansardenwohnung unzählige große und kleine Garnrollen. Sie waren damals noch aus Holz gedreht, und Omas Nähgarn war weiß und schwarz oder in tristen Farbtönen, eben «Oma-Farben».

Die leeren Garnrollen durften wir Kinder uns nehmen. Wir banden einen halben Meter Zwirnsfaden daran, und wenn wir das freie Ende nachher noch mehrere Male um die Mitte schlangen, konnten wir sie laufen lassen wie Marionetten. Die Fahrtrichtung vorwärts oder rückwärts ließ sich dadurch steuern, daß man den Faden mehr oder weniger steil hielt. Allerdings mußte man sehr vorsichtig ziehen, damit die Garnrolle rollte und nicht rutschte. Je weiter seitlich der Faden von der Spule abzweigt, desto leichter neigt nämlich die Garnrolle dazu, auf dieser Seite wegzurutschen, sich um die andere zu drehen und sich querzustellen. Dem kleinen Buben von damals schien hinter dem Spiel mit der Garnrolle ein Geheimnis zu stecken. Heute fällt es mir schwer, den Zauber wiederzufinden, seit ich das Verhalten der Garnrolle durch einfache, allgemeingültige Gesetze «erklären» kann, an die ich mich gewöhnt habe.

Die Mechanik der Garnrolle: Wenn Sie zu heftig am Faden reißen, rutscht die Garnrolle oder hebt bei kräftigem Zug nach oben sogar ab. Damit sie gehorsam zu rollen beginnt, muß man ganz behutsam am Faden ziehen (bei leichten Garn-

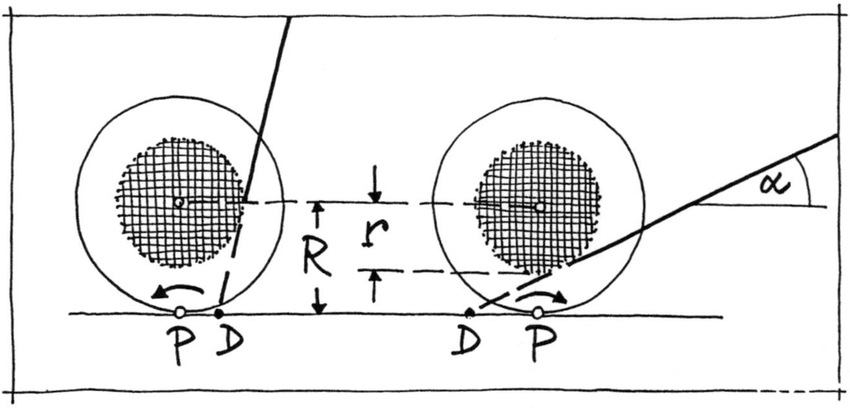

rollen können 20 N (Newton) schon eine zu große Kraft sein). Wenn die Garnrolle rollt, rollt sie geradeaus, ihre Bewegung läßt sich deshalb in einer Ebene, der Papierebene im Bild, beschreiben. Beim Rollen auf dem Boden dreht sich die Garnrolle nicht, wie man denken könnte, um ihren Mittelpunkt. Denn dabei müßte sie auf der Stelle stehen bleiben, und ihr Fußpunkt P würde auf der Bodenlinie rutschen. Vielmehr bleibt der Fußpunkt momentan in Ruhe und markiert den augenblicklichen Drehpunkt (Momentanpol) der Bewegung. Die Garnrolle kann nach rechts oder links laufen, je nachdem, ob im Bild der Durchstoßpunkt D der gedachten Verlängerung des Fadens durch die horizontale Bodenlinie links oder rechts vom Fußpunkt P liegt, weil die Zugkraft am Faden ein Drehmoment im Uhrzeigersinn beziehungsweise ihm entgegen ausübt. Ziehen Sie unter kleinen Winkeln α, deren $\cos\alpha > r/R$ (R Radius der Garnrolle, r Radius der Spule) ist, oder ziehen Sie sogar in horizontaler Richtung ($\alpha = 0$), kommt die Garnrolle stets auf Sie zugelaufen. Auf diese Weise können Sie unter Umständen Ihr Spielzeug wieder herbeilocken, sollte es einmal unter einen Schrank gerollt sein, vorausgesetzt, Sie bekommen den Faden zu fassen. Was Sie über die Garnrolle wissen, wird Ihnen bei dem nächsten Problem mit dem Fahrrad helfen.

Das Fahrrad-Paradoxon: Wie gut kennen Sie Ihr Fahrrad? Sie kennen es genau? Dann wird es Ihnen keine Mühe machen, die folgende Frage zu beantworten.

Ihr Fahrrad werde, wie in der Zeichnung, mit dem linken Pedal nach unten aufgestellt. Daran ist ein Bindfaden geknotet, an dem je-

mand das Pedal nach hinten zieht. In welche Richtung setzt sich das Fahrrad (das heißt: setzen sich Rahmen und Sattel) in Bewegung? Rollt das Rad vorwärts in der üblichen Fahrtrichtung, oder folgt es dem Zug des Fadens und rollt rückwärts?

Oft genug habe ich diese Frage in großen Hörsälen gestellt. Regelmäßig ließ ich Hunderte von Schülern, Lehrern, Wissenschaftlern oder Journalisten über die Lösung abstimmen. Mit der Zuverlässigkeit eines Naturgesetzes fand sich jedesmal eine Zweidrittelmehrheit für die falsche Alternative, was die Fragwürdigkeit von Mehrheitsentscheidungen in Sachfragen beleuchtet. Die Mitglieder eines Tokioter Studenten-Fahrradclubs schleppten gar ein Fahrrad zwei Stockwerke hoch, um das Gegenteil zu beweisen. Als der Vorsitzende des Clubs seinen Trugschluß einsehen mußte, wollte er sein Amt niederlegen.

Die Lösung: Man «versteht» Vorgänge am besten, wenn man sie vorübergehend so weit vereinfacht, daß sie unmittelbar durchschaubar werden. Nehmen wir an (was nachträglich zu prüfen wäre), daß die Übersetzung vom Tretlager zum Hinterrad für die Entscheidung über die Fahrtrichtung nebensächlich ist. Dann kann man

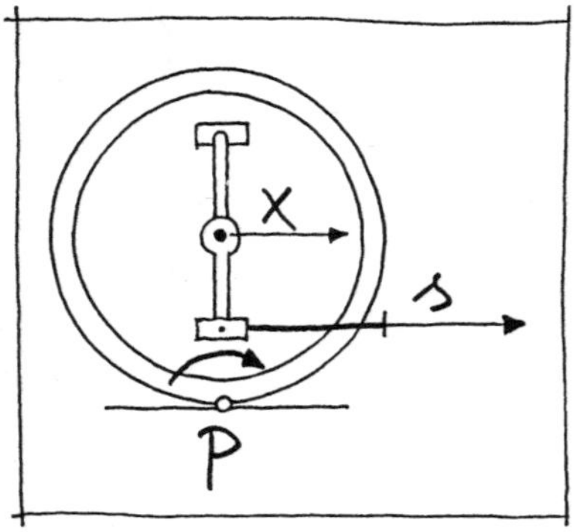

die Kette in Gedanken weglassen und die Pedalarme unmittelbar am Hinterrad anbringen, wie es vor der Erfindung der reibungsarmen Fahrradkette durch Starley bei Fahrrädern gang und gäbe war. Damit reduziert sich das Fahrradproblem auf die Garnrolle. Wenn in horizontaler Richtung gezogen wird, läuft die Garnrolle in Richtung des Zuges, das Fahrrad muß also rückwärts rollen. Hätten Sie das gedacht? Es macht übrigens fast gar nichts, wenn Ihr Fahrrad eine Rücktrittbremse hat, weil die Bremse nicht sofort einrastet.

Welchen Einfluß hat die vorübergehend vernachlässigte Übersetzung? Wir setzen voraus, daß das Getriebe kein Spiel hat und daher ein eindeutiger Zusammenhang zwischen den Wegen und Winkeln besteht. Wenn der Faden um das Stück s fortgezogen wird, rollt das Fahrrad die Strecke x; φ ist der Winkel, um den sich dabei das Hinterrad dreht, ψ der Drehwinkel des Tretlagers. Offensichtlich gelten die folgenden kinematischen Relationen: $x = R\varphi$ (Rollbedingung des Hinterrads), $r\varphi = q\psi$ (Übersetzung), $s = x - p \sin\psi$ (Pedalverschiebung). Durch Elimination der Winkel ergibt sich der gesuchte Zusammenhang

$$s = x - p \sin \frac{rx}{Rq} \approx x\left(1 - \frac{rp}{Rq}\right).$$

Für den Anfang der Bewegung ist x noch so klein, daß der sin durch sein Argument angenähert werden darf.

Solange $rp/Rq < 1$ bleibt, haben x und s gleiches Vorzeichen: Das Fahrrad rollt rückwärts! Das trifft für alle «vernünftigen» Fahrräder zu. Die Bedingung wird nur dann verletzt, wenn das Über-/Untersetzungsverhältnis q/r (das nach dem Stand der Technik übrigens nicht über das Radienverhältnis entsprechender Zahnräder, sondern durch ein Planetengetriebe in einer Mehrgang-Hinterradnabe erreicht wird) kleiner als das Verhältnis des Pedalhebels p zum Radius R des Hinterrades ist: $q/r < p/R$.

Ein gebräuchliches 28-Zoll-Rad hat einen Felgendurchmesser von $28 \times 2{,}5$ cm = 70 cm. Nehmen wir davon die Hälfte und geben 3 cm für den Reifen zu, erhalten wir für den Radius des Rades $R = 38$ cm. Mit einem Pedalhebel von $p = 16$ cm folgt daraus $p/R = 0{,}42$. Selbstverständlich lassen sich Untersetzungen kleiner als 0,42 bauen, aber das kleinste mir bekannte Untersetzungsverhältnis für den langsamsten Berggang in einer käuflichen Fünfgangnabe beträgt $q/r = 0{,}66$. Damit ist so gut wie sicher, daß alle gebräuchlichen Fahrräder die Bedingung $rp/Rq < 1$ erfüllen.

Noch Fragen? Um das Fahrrad in Bewegung zu setzen, muß der Mensch mechanische Arbeit leisten. An der Schnur kann man aber nur Arbeit verrichten, wenn das Pedal sich in Richtung der Kraft, also nach hinten, bewegt. Wie ist das möglich, da sich doch beim Rückwärtsrollen des Fahrrads das untere Pedal vorwärts bewegt? Die Antwort lautet: Das Pedal bewegt sich zwar in bezug auf den Rahmen nach vorn, der aber bewegt sich mit größerer Geschwindigkeit nach hinten. In der Summe läuft das Pedal also doch rückwärts. Die Pedale eines Fahrrads sind abwechselnd schneller und langsamer als der Rahmen und beschreiben dabei eine Wellenlinie in Form einer (in horizontaler Richtung) gestreckten bzw. (in vertikaler Richtung) verkürzten Zykloide.

Die Ausnahme: Aus der Überlegung folgt auch, daß ein Fahrrad sich bei sehr starker Untersetzung nach vorn in Bewegung setzen muß, obwohl das untere Pedal mit der Schnur nach hinten gezogen wird. Wie kann das gehen? Nach Newtons Gesetz wird der Schwerpunkt des Fahrrads in die Richtung der Resultierenden aller auf das Fahrrad wirkenden Kräfte beschleunigt. Dazu gehören außer der Schnurkraft die Haftkräfte zwischen den Rädern und dem Boden. Die Haftkräfte müssen so groß sein, daß sie nicht nur das Fahrrad beschleunigen, sondern auch der Schnurkraft das Gleichgewicht halten können. Findet das Antriebsrad nicht genug Halt am Boden, rollt das Fahrrad nicht vorwärts, sondern rutscht zurück. Paradoxerweise wird das Fahrrad von Kräften beschleunigt, die keine Arbeit leisten, denn die Haftkräfte am Boden sind arbeitsfrei.

Das Bananenschalen-Dilemma

Das Experiment: Wer seinen Abfall wegwirft, wo er ihm gerade lästig wird, sollte das nicht bei Tempo 140 auf der Autobahn tun, vor allem nicht, wenn er selbst der Fahrer ist. Stellen Sie sich vor, Sie haben an einem heißen Sommertag in Ihren rollenden vier Wänden eine Banane verzehrt und möchten die Schalen loswerden, ehe sich ein Geruch von Fäulnis im Wagen verbreitet. Wenn Sie keinen Beifahrer haben, der das Geschäft für Sie leichter erledigen könnte, fahren Sie zweckmäßig an den Mittelstreifen heran, kurbeln das Fenster herunter und werfen das schlabberige Geschoß mit Elan über die Gegenfahrbahn hinweg bis an den gegenüberliegenden Fahrbahnrand.

So hatten Sie sich das jedenfalls gedacht. Zu Ihrer Enttäuschung beschreibt die Bananenschale nicht den Weg, den Ihr geistiges Auge ihr vorgezeichnet hatte. In einer Sekunde ist die gelbe Haut mitten auf der Fahrbahn zu Boden gegangen. Sie ist noch keine fünf Meter weit zur Seite geflogen, während der Fahrtwind sie mindestens dreimal soweit nach hinten abgedrängt hat. Zugegeben, Sie fühlen sich, in einem PKW sitzend, beim Abwurf behindert, noch dazu als Fahrer, der mit der linken Hand werfen muß, aber hätten Sie nicht doppelt so weit kommen müssen? Wer in seinem jugendlichen Leichtsinn einmal probiert hat, aus dem fahrenden Auto zu spucken, weiß aus Erfahrung, daß die Spucke leicht zum Bumerang werden kann. Eine Bananenschale sollte aber mit dem ersten Schwung aus der Wirbelströmung heraus sein, die die Karosserie eines Autos während der Fahrt umspült und den kleinen Tröpfchen zur Falle wird, der sie nicht entrinnen.

Nach Hause zurückgekehrt, wiederholen Sie das Experiment vor der Garage aus dem Stand. Und siehe da! Nach mehreren Würfen sind Sie sicher: Die Bananenschale fliegt im Durchschnitt fast doppelt so weit wie bei Tempo 140 auf der Autobahn, acht Meter, wie sich jetzt unschwer durch Abschreiten feststellen läßt.

Eigenarten des Luftwiderstandes: Die Auflösung des Rätsels hat mit dem Widerstand der Luft zu tun. Die «Bananenschale» steht dabei stellvertretend für alle möglichen Körper, die beim Wurf einen – gemessen an ihrem Gewicht – beträchtlichen Luftwiderstand erfahren, zum Beispiel auch leichte Schaumstoffbälle. Wer bei Tempo 140 die Hand aus dem Autofenster streckt, bekommt die starken Kräfte des Fahrtwindes zu spüren. Steht die Handfläche quer zum Wind, hat die Luftkraft Windrichtung. Sie ist ein «Widerstand», der die Bewegung des Körpers durch die Luft zu bremsen sucht. Ballt man die Hand zur Faust, fühlt man den Widerstand geringer werden. Stellt man die Handfläche schräg zum Wind an, übt die Luft außer dem Widerstand auch senkrecht zur Windrichtung eine «Auftriebskraft» aus, die je nach dem Anstellwinkel der Hand nach oben oder unten gerichtet ist und deren Größe bei günstig geformten «Tragflächen» ein Vielfaches des Widerstands betragen kann. Bei der wechselvollen Gestalt einer fliegenden Bananenschale wird man annehmen, daß die Kräfte nach oben und unten sich ungefähr ausgleichen und daher nicht zu Buche schlagen. Es kann aber ausnahmsweise vorkommen, daß ein Stück Bananenschale wie eine Tragfläche weithin durch die Luft segelt. Solche vereinzelten Ausflüge unseres Abfalls müssen wir außer Betracht lassen.

Über die Größe des Widerstandes für herumfliegende Bananenschalen findet man nichts in den Handbüchern. Allgemein wächst der Widerstand der Luft mit der Geschwindigkeit der bewegten Körper, und zwar wächst er für Geschwindigkeiten der Größe, die beim Weitwurf vorkommen, etwa mit deren Quadrat (das heißt: bei Verdoppelung der Geschwindigkeit vervierfacht sich der Widerstand). Mit dieser Annahme sind wir in der Lage zu erklären, worüber wir uns eingangs gewundert hatten.

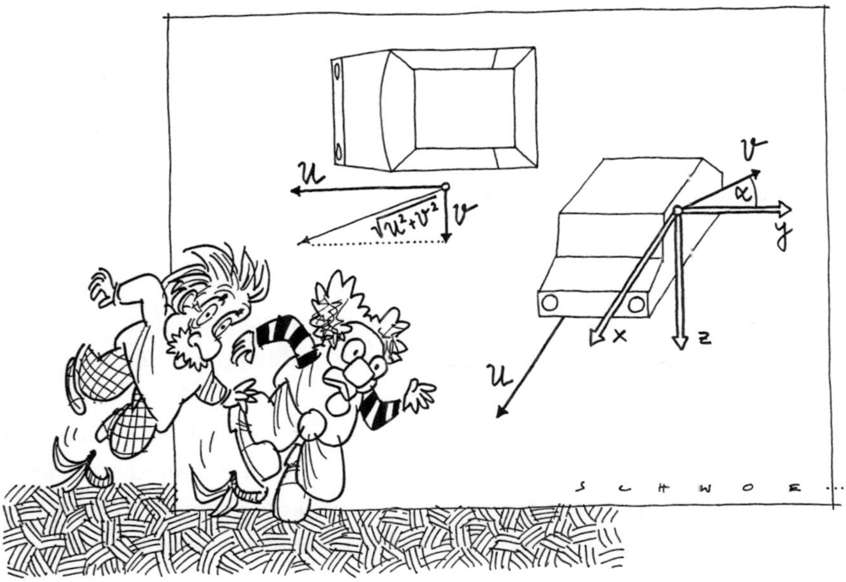

Das Widerstandsverhältnis: Wenn der Fahrer die Bananenschale mit der Geschwindigkeit V (zum Beispiel 10 m/s = 36 km/h) aus dem Fenster seines stehenden Autos wirft, erfährt sie anfangs, bei quadratischem Widerstandsgesetz, einen Widerstand proportional zu V^2. Fährt der Wagen dagegen mit der Geschwindigkeit U (beispielsweise 140 km/h) auf der Autobahn, und der Fahrer wirft die Bananenschale mit der gleichen Geschwindigkeit V zur selben Seite hinaus wie vorher, fängt sie mit der vektoriellen Summe der beiden Geschwindigkeiten durch die Luft zu fliegen an, deren Betrag nach dem Satz des Pythagoras gleich $\sqrt{U^2 + V^2}$ ist. Der Anfangswiderstand ist also proportional zu $U^2 + V^2$. Für den Flug zur Seite kommt es nur auf die Komponente oder Projektion der Widerstandskraft in seitlicher Richtung an, die (bis auf den cos des Abwurfwinkels, dessen Wert nahe bei eins liegt) der ($V / \sqrt{U^2 + V^2}$)te Teil des Widerstands oder proportional zu $V\sqrt{U^2 + V^2}$ ist. Das Verhältnis der Widerstände beim Abwurf aus dem fahrenden respektive stehenden Fahrzeug ist also $\sqrt{1 + (U/V)^2}$, was mit den oben genannten Werten für U und V recht genau den Wert 4 ergibt. Die Bananenschale erfährt also beim Wurf aus

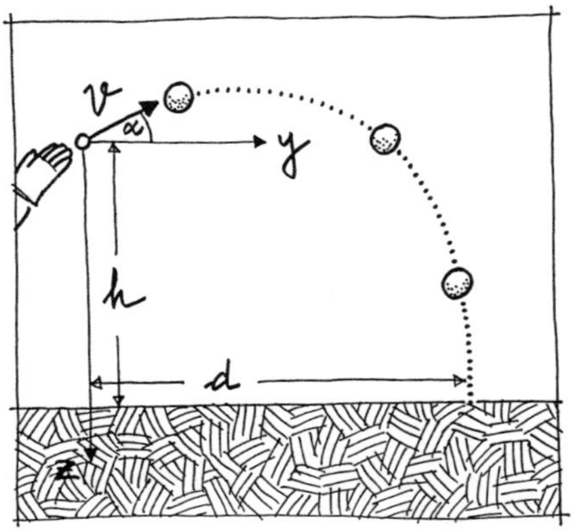

dem schnell fahrenden Auto anfänglich den vierfachen Luftwiderstand – kein Wunder, daß sie nicht so weit kommt wie die Konkurrenz aus dem stehenden Fahrzeug. Um den Unterschied der Wurfweiten näherungsweise zu berechnen, müssen wir etwas weiter ausholen. Zur Vorbereitung studieren wir den

Ballweitwurf wie auf dem Mond: Zwei Zahlenwerte, von denen die Wurfweite d eines Balles oder anderen Gegenstandes abhängt, sind leicht zu beobachten: die Höhe h der Abwurfstelle und der Abwurfwinkel α gegen die Horizontalrichtung. Aber der dritte wichtige Zahlenwert, die Abwurfgeschwindigkeit V, läßt sich durch einfache Beobachtung mit dem Auge nur ungenau schätzen. Das Problem liegt tiefer: Geschwindigkeiten, sofern sie nicht konstant sind, lassen sich überhaupt nicht durch direkte Messung bestimmen. Sie sind mathematisch durch einen Grenzwert definiert, und zwar durch den Grenzwert des Quotienten aus der zurückgelegten Wegstrecke Δx und der dafür benötigten Zeit Δt: $\lim_{\Delta t \to 0} (\Delta x / \Delta t)$. Um die Abwurfgeschwindigkeit für unsere Zwecke abzuschätzen, führen wir sie mit Hilfe einer Theorie auf andere, direkt meßbare Größen zurück. Dazu beschäftigen wir uns kurz mit dem Schulbeispiel des Ballweitwurfs im luftfreien Raum, für den sich verhältnismäßig leicht ein formelmäßiger Zusammenhang zwischen h, α, V und d gewinnen läßt. Diese Theorie würde für den Weitwurf auf dem Mond exakt zutreffen. Auf der Erde kommen wir mondähnlichen Verhältnissen um so näher, je geringer beim Wurf der Luftwiderstand des Körpers (gemessen an seinem Gewicht) ist.

Nach den Gesetzen des Wurfes, die man in der Schule lernt, beschreibt der Schwerpunkt eines Körpers, der zur Zeit $t = 0$ mit der Abwurfgeschwindigkeit V unter dem Winkel α losgeworfen wird, eine Parabelbahn, die sich in den aus der Figur ersichtlichen Koordinaten y (nach vorn) und z (nach unten) mit der Zeit t als Parameter so darstellt:

$$y = (V \cos \alpha)\, t\,,$$

$$z = \frac{g}{2} t^2 - (V \sin \alpha)\, t\,.$$

Die Abwurfstelle hat die Koordinaten $y = z = 0$, die Aufschlagstelle die Koordinaten $z = h$, $y = d$. Durch Elimination von t erhält man, unter anderem, die Abwurfgeschwindigkeit V als Funktion der übrigen Parameter:

$$V = \sqrt{\frac{gd^2}{2 \cos\alpha\, (d \sin\alpha + h \cos \alpha)}}\,.$$

Wenn man hier auf der Erde aus einem Wurfexperiment, bei dem h, α und d gemessen werden, mit Hilfe einer Theorie, in der die Luftreibung nicht berücksichtigt ist, auf die Abwurfgeschwindigkeit V schließen will, muß man einen Körper mit (gemessen an seinem Gewicht) möglichst geringem Luftwiderstand werfen, einen Stein oder ein Eisenstück zum Beispiel. Wir werfen ihn aus dem Sitzen mit der linken Hand zur Seite, um die Abwurfbedingungen vom Auto aus möglichst gut zu simulieren. Für $h = 1{,}5$ m und $\alpha = 20°$ finden wir bei mehreren Würfen die durchschnittliche Wurfweite $d = 10$ m, woraus sich $V = 10{,}5$ m/s errechnet.

Das Märchen von den 45 Grad: Nach einer Schulweisheit erzielt ein Werfer (wohlverstanden: ohne Luftwiderstand, also unter Bedingungen wie auf dem Mond) die größte Weite, wenn er unter $\alpha = 45°$ abwirft. Um diese Behauptung zu prüfen, lösen wir die vorstehende Gleichung nach d auf:

$$d = \frac{V^2}{g} \cos\alpha\, \left(\sin\alpha + \sqrt{\frac{2gh}{V^2} + \sin^2\alpha}\,\right).$$

Den größten Wert von d bei vorgegebener Abwurfgeschwindigkeit V bestimmt man wie üblich durch Differenzieren nach α und Nullsetzen der Ableitung. Er wird für den Winkel α_m angenommen, der die folgende Gleichung erfüllt:

$$\frac{1}{\sin\alpha_m} = \sqrt{2(gh / V^2 + 1)}\,.$$

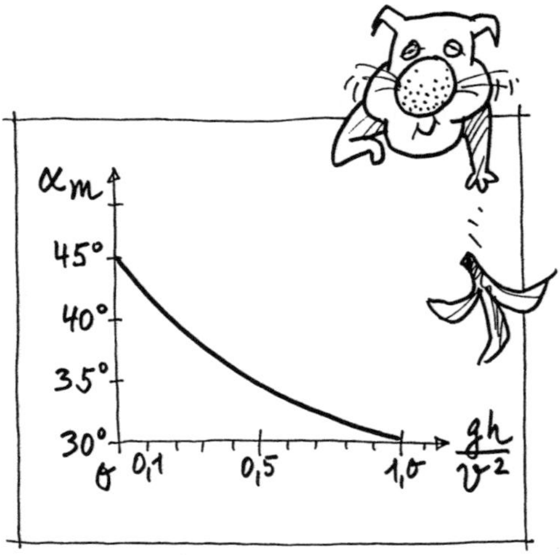

Die Grafik zeigt α_m über der dimensionslosen Abwurfhöhe gh/V^2.

Nur aus der vollkommenen Froschperspektive (h = 0) oder bei unendlich großer Abwurfgeschwindigkeit ist $\alpha_m = 45°$ optimal. Wer legt sich aber schon zum Ballweitwurf auf den Boden? Für den Wurf aus h = 1,5 m Höhe mit V = 10,5 m/s ist α_m = 41,6° die beste Wahl. Gute Sportler, die zum Werfen Anlauf nehmen, erreichen größere Geschwindigkeiten, zu denen etwas größere optimale Abwurfwinkel α_m gehören, aber alle liegen unter 45°.

Wurf mit Widerstand: Eine Spezialwissenschaft, die «äußere Ballistik», beschäftigt sich mit der Berechnung von Wurfbahnen unter möglichst vollständiger Berücksichtigung des Einflusses der Luft. Generationen von Ballistikern haben es versucht, aber nicht vermocht, die Bahnen von Geschossen in einfache Formeln zu fassen, obwohl dem Militär außerordentlich daran gelegen war. Also werden wir uns für unsere friedlichen Zwecke von vornherein auf eine einfache Näherung beschränken. Zunächst setzen wir, wie schon gesagt, voraus, daß der Widerstand mit dem Quadrat der Geschwindigkeit wächst. Damit das «quadratische Widerstandsgesetz» für alle Raumrichtungen den gleichen Zusammenhang zwischen dem Geschwindigkeitsvektor $\boldsymbol{v}$ und dem Vektor der Widerstandskraft $\mathbf{W}$ geben kann, muß es die Form $\mathbf{W} = -cv\boldsymbol{v}$ haben, worin $v = |\boldsymbol{v}|$ den Geschwindigkeitsbetrag (also die «Länge» des Geschwindigkeitsvektors oder die Anzeige eines Tachometers) bedeutet. c ist ein Koeffizient, der in der folgenden Weise auf die Luftdichte ρ (= 1,3 g/ℓ), den angeströmten Querschnitt (die «Schattenfläche») A und den «Formwiderstand» c_w des Körpers zurückgeführt wird: $c = \rho c_w A/2$. Genaugenommen ist das Widerstandsgesetz nicht mehr und nicht weniger als die Definitionsgleichung für den c_w-Wert, die erst durch die Voraussetzung eines konstanten (das heißt, von der Geschwindigkeit unabhängigen) c_w einen Inhalt bekommt.

Die Bewegung der Bananenschale wird vom Auto aus in den cartesischen Koordinaten x (nach vorn), y (zur Seite) und z (nach unten) beschrieben, den Komponenten des Ortsvektors $\mathbf{x}$. Der Vektor $\dot{\mathbf{x}}$ der Geschwindigkeit, wie ihn die Insassen des Fahrzeugs erleben, hat der Reihenfolge nach die Komponenten $\dot{x}$, $\dot{y}$, $\dot{z}$; die übergesetzten Punkte bedeuten Ableitungen nach der Zeit. Ins Widerstandsgesetz geht allerdings nicht die vom Fahrzeug aus beobachtete Geschwindigkeit $\dot{\mathbf{x}}$, sondern die Geschwindigkeit $\mathbf{v}$ der Bewegung gegen die umgebende Luft ein, und diese ist (sofern kein Wind weht und soweit das Fahrzeug nicht durch seine Verdrängungswirkung «Wind macht») die Geschwindigkeit relativ zur Straße, mit den Komponenten $U + \dot{x}$, $\dot{y}$, $\dot{z}$. Wird die Bananenschale zur Zeit $t = 0$ mit der Geschwindigkeit V unter dem Winkel α abgeworfen, ist ihre Anfangsgeschwindigkeit $\dot{x}(0) = 0$, $\dot{y}(0) = V \cos\alpha$, $\dot{z}(0) = -V \sin\alpha$.

Mit diesen Angaben wären wir in der Lage, die Bewegungsgleichungen zu formulieren und zu lösen, allerdings nur auf numerischem Wege mit Hilfe eines Computers. Um eine Näherungslösung in geschlossener Form zu gewinnen, die mehr zum Verständnis beiträgt als eine umfangreiche Sammlung numerisch gewonnener Daten, nehmen wir eine zusätzliche Vereinfachung vor. Wir «linearisieren» die Widerstandskraft, indem wir v durch seinen Anfangswert $v(0) = \sqrt{U^2 + V^2}$ approximieren. Möglicherweise wird in dieser Näherung die Größe der Widerstandskraft wegen der widerstandsbedingten Abnahme des Geschwindigkeitsbetrags leicht überschätzt, was sich aber im Rahmen dieser Näherung durch Verkleinerung des ohnehin nicht genau bekannten c_w-Werts kompensieren läßt. Die Widerstandskraft wird also näherungsweise durch $\mathbf{W} = -\,cv(0)\mathbf{v}$ beschrieben. Die Gewichtskraft $\mathbf{G}$ hat nur eine Komponente, mg, in z-Richtung. Die Bewegungsgleichungen $m\ddot{\mathbf{x}} = \mathbf{G} + \mathbf{W}$ (Masse × Beschleunigung = Gewichtskraft + Widerstandskraft) sind in dieser Näherung lineare Differentialgleichungen. Ausgeschrieben für die drei Raumrichtungen, erhalten sie nach Division durch die Masse m, Umordnung der Terme und mit der Abklingkonstante $k = \rho c_w A \sqrt{U^2 + V^2} / 2m$ die einfache Form:

$$\ddot{x} + k\dot{x} = -kU,$$
$$\ddot{y} + k\dot{y} = 0,$$
$$\ddot{z} + k\dot{z} = g.$$

Für den Abwurf vom Ursprung des Koordinatensystems aus ($x(0) = y(0) = z(0) = 0$) mit der bereits genannten Anfangsgeschwindigkeit haben Sie, in dimensionsloser Form, die Lösung

$$(1) \quad X = (1 - \tau - e^{-\tau})\, U/V;$$
$$(2) \quad Y = (1 - e^{-\tau})\cos\alpha;$$
$$(3) \quad Z = \tau - (1 - e^{-\tau})S.$$

Darin sind

$$X = \frac{kx}{V}, \quad Y = \frac{ky}{V}, \quad Z = \frac{k^2 z}{g}, \quad \tau = kt$$

die dimensionslosen Koordinaten und die dimensionslose Zeit sowie $S = 1 + kV\sin\alpha/g$ ein kompliziert zusammengesetzter Parameter.

Auswertung: Aus der Abwurfhöhe $z = h$, also $Z = k^2h/g$, folgt nach Gleichung (3) die dimensionslose Zeitdauer τ und durch Maßstabsänderung die physikalische Zeitdauer $t = \tau/k$ des Wurfs. Mit dem berechneten Wert von τ liefern die Gleichungen (2) und (1) die Wurfweite $d = VY/k$ und den Abtrieb $\ell = VX/k$ durch den Fahrtwind.

Legt man die Werte $c_w = 1{,}0$, $A = 50\ \text{cm}^2$, $m = 80$ g, $h = 1{,}5$ m zugrunde und denkt sich die Bananenschale mit $V = 10$ m/s unter dem Winkel $\alpha = 20$ Grad abgeworfen, fliegt das Corpus delicti vom fahrenden Auto ($U = 140$ km/h) aus in einer Sekunde theoretisch $d = 4{,}91$ m weit und wird dabei vom Fahrtwind $\ell = 19{,}70$ m weit nach hinten abgetrieben. Vom stehenden Fahrzeug ($U = 0$) aus würde die Bananenschale unter sonst gleichen Bedingungen in der gleichen Zeit $d = 7{,}85$ m weit kommen, 60 Prozent weiter als aus dem fahrenden Fahrzeug. Bei der höheren Abwurfgeschwindigkeit $V = 15$ m/s, die ein guter Werfer erreichen kann, liefert die Rechnung unter sonst gleichen Bedingungen bei $U = 140$ km/h die Weite $d = 7{,}71$ m, bei $U = 0$ aber $d = 12{,}62$ m oder eine um 64 Prozent größere Wurfweite.

Die der Berechnung zugrundeliegende Theorie vereinfacht die wirklichen Verhältnisse. Niemand sollte deshalb verlangen, daß die

Rechenergebnisse auf den Meter genau sind – und warum auch? Wer kann seinen Abwurfwinkel α aufs Grad genau einrichten und seine Abwurfgeschwindigkeit V auf den Sekundenmeter genau schätzen? Schon in der Näherung demonstriert die Theorie aber glaubwürdig die Wirkung des Fahrtwindes auf die Wurfweite eines Körpers, wenn der Luftwiderstand maßgebenden Einfluß hat. Über übergenaue Zahlen in der Physik hat uns der bedeutende englische Astrophysiker Sir Arthur Eddington (1882–1944) in seiner «Philosophie der Naturwissenschaft» eine Parabel erzählt. Er stellte die Behauptung auf, es gebe $1{,}57 \times 10^{79}$ Protonen im Universum (dazu listete er die 80stellige Zahl Ziffer für Ziffer auf: genau 15.747.724.136.275.002.577.605.653.961.181.555.468. 044.717.914.527.116.709.366.231.425.076.185.631.031.296) und dieselbe Zahl von Elektronen. Sogleich rechtfertigte er die Zyniker, die darüber urteilen würden, das sei eine ziemlich sichere Berechnung, weil niemand jemals die Teilchen zählen werde. Im übrigen komme es auf 14 Elementarteilchen mehr oder weniger im Universum nicht an, fuhr Eddington fort. Sein Beweggrund für die außerordentlich genaue Angabe der Teilchenzahl sei nicht der, den man vermuten möchte, vielmehr habe er eine Untersuchungsmethode verwendet, die sich nur für nichtzählbare Teilchen eigne.

Die Wissenschaft vom Korkenzieher

Kraftprobe: Das Öffnen von Weinflaschen mit einem einfachen Korkenzieher erfordert erhebliche Kräfte, zumal dann, wenn der Wein lange in der Flasche gelagert hat. In der Regel ist eine Zugkraft zwischen 100 und 300 N (Newton) nötig, die dem Gewicht einer Masse zwischen 10 und 30 kg entspricht. Gelegentlich muß man aber mit über 500 N ziehen, um den Korken in Bewegung zu setzen. Die Kraft ist in dem Augenblick am größten, in dem die Haftung des Korkens im Flaschenhals überwunden wird, und sinkt in der Bewegung sehr rasch zur kleineren Gleitreibungskraft ab. Genauere Angaben lassen sich nur schwer machen, weil die Rinde der Korkeiche, aus der die Korken geschnitten werden, als Naturmaterial wechselnde und im Gebrauch veränderliche Eigenschaften besitzt.

Einfache Korkenzieher bestehen nach unserer Definition aus einem festen Griff zum Herausziehen des Korkens und einer Art Holzschraube, die in den Kork gebohrt wird und sich, wenn sie erst einmal gefaßt hat, beim Drehen des Griffs ohne Druck von selbst weiter in den Korken schraubt. Soll die Schraube beim Korkenziehen nicht aus dem weichen Korkmaterial herausbrechen, muß sie sich gut darin festkrallen, ohne den Korken mehr als nötig zu beschädigen.

Drehmomente: «Warum lassen sich Weinflaschen leichter öffnen, wenn der Korken beim Herausziehen gedreht wird?» So lautet eine Aufgabe für die Leser eines Lehrbuchs der Klassischen Mechanik. Die im Anhang des geschätzten Buches angegebene

Lösung ist typisch für die Antwort eines reinen Theoretikers: Sie ist präzis, hilft aber nicht weiter. Die Größe der Reibungskraft am Korken, schreibt der Autor, sei unabhängig von der Bewegungsrichtung des Korkens im Flaschenhals (was nur bedeutet, daß die Struktur der sich berührenden Oberflächen nach allen Richtungen gleich, also «isotrop» ist; von dieser Hypothese, die sich an natürlichen Korken nicht quantitativ bestätigen läßt, werden wir im folgenden ausgehen). Werde der Korken beim Herausziehen gleichzeitig gedreht, lasse er sich daher mit um so geringerer Zugkraft bewegen, je größer der Anteil der Drehung an der Bewegung sei. Einverstanden. Aber dafür muß die Hand am Griff ein zusätzliches Drehmoment entsprechender Größe gegen die Reibungskräfte in Umfangsrichtung aufbringen. Welchen Vorteil soll das haben? Im Extremfall dreht sich der Korken nur noch auf der Stelle, und es muß Reibungsarbeit geleistet werden, die nur dazu dienen kann, die Oberflächen geringfügig zu erwärmen.

Der wirkliche Vorteil beim Drehen des Korkenziehers kommt von der Hebelwirkung des Griffs, dessen Hebelarm (zum Beispiel $a = 5$ cm) wesentlich länger als der Radius des Korkens ($r = 9$ mm bei Norm-Weinflaschen) ist. Wird der Korken unter dem Steigungswinkel β aus der Flasche «geschraubt», reduziert sich die dazu nötige Zugkraft unter der obigen Hypothese von dem Wert F beim geradlinigen Ziehen auf $P = F \cos\beta$. Dafür ist bei der zusätzlichen Drehung ein Reibungsmoment $M = rF \sin\beta$ zu überwinden. Um das Drehmoment M mit der Zugkraft vergleichbar zu machen, können wir uns vorstellen, es werde durch zwei entgegengesetzt gleiche Kräfte vom Betrag K erzeugt, die die Hand im Abstand a von der Drehachse auf den Griff des Korkenziehers ausübt: $M = 2aK$. Zur Überwindung der Reibung beim Drehen des Korkens braucht man daher die Kraft $K = (r/2a)\, F \sin\beta$, die bei langem Griff (a groß gegen r) sehr viel kleiner als F ist. Allerdings darf das Drehmoment nicht so groß werden, daß die Schraube im Korken durchdreht und ihn damit zerstört. Deshalb ist Drehen als Entkorkungsprinzip am besten bei einer ungewöhnlichen Art von Korkenzieher verwirklicht, der gar keine Schraube hat, vielmehr zwei flache Stahlfedern zum Festhalten des Korkens, die sich gegenüberstehen und die zwischen Korken und Glas in die Flasche getrieben werden. Die Zeichnung zeigt eine besonders praktische Ausführung. Während das kurze Rohr die Flasche von oben festhält und Verletzungen der Hände beim möglichen Abrutschen der biegsamen Federn verhindert, werden die beiden Stahlfedern nacheinander heruntergedrückt. Beim Drehen nehmen sie den Korken sicher in den Griff, während sie ihn beim Ziehen kaum festhalten können. Nach drei oder vier ganzen Umdrehungen kommt der Korken fast ohne Zug aus der Flasche.

Korkenzieher-Mechanik: Wenn es darum geht, Arbeit zu vermeiden, ist der Einfallsreichtum der Menschen nahezu unerschöpflich. Beim Korkenzieher sind ungezählte Erfinder ans Werk gegangen, die lästige Kraftanstrengung auf ein erträgliches Maß zu verringern. Ordnet man die Vielzahl der im Verlauf von zweihundert Jahren entstandenen Erfindungen nach den ihnen zugrundeliegenden mechanischen Prinzipien, findet man viele Effekte aus dem klassischen Maschinenbau verwirklicht. Aber die meisten Korkenzieher sind doch Hebelmechanismen, deren einfachster Vertreter das bekannte Kellnerbesteck ist, und Konstruktionen mit Schraubgewinden wie die weitverbreiteten Glockenkorkenzieher.

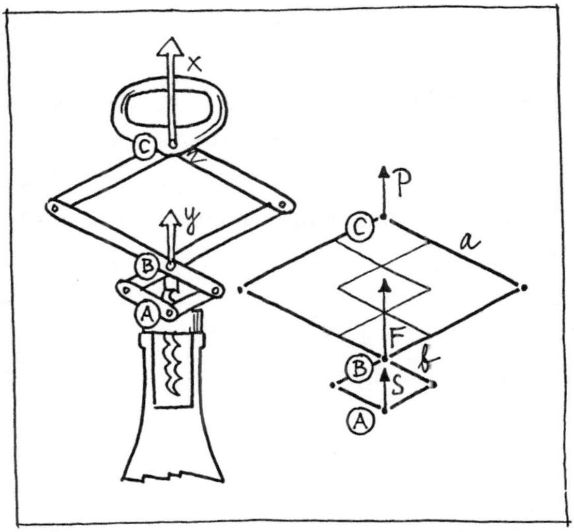

Ganz aus dem Rahmen fällt der Druckluft-Korkenzieher. Er besteht aus einer hohlen Injektionsnadel, die ganz durch den Korken hindurchgestochen wird, und einer kleinen Luftpumpe, mit der in der Luftblase über dem Wein ein Überdruck erzeugt wird. Der Überdruck muß mindestens $p = F/A$ betragen, um an einem Korken vom Querschnitt A die zur Hebung erforderliche Kraft F aufzubringen. Bei einer Lösekraft $F = 200$ N beträgt der für einen Norm-Korken vom Querschnitt $A = 2{,}5\ \text{cm}^2$ nötige Überdruck $p = 8$ bar, der sich wegen der Undichtigkeit mit einer so kleinen, einstufigen Pumpe nur schwer erzeugen läßt und andererseits für Weinflaschen nicht unbedenklich ist.

Das einfachste Beispiel eines Hebelmechanismus ist der Gelenk-Korkenzieher, den man sich aus einem einfachen Korkenzieher und ein paar Metallstäben leicht selbst herstellen kann. Der Schaft der Korkenzieherschraube ist im Punkt B (und nur dort) gelenkig gelagert. Im Punkt A ist ein Metallring angenietet, mit dem sich der Korkenzieher auf dem Flaschenhals abstützt. Wird der Griff (Punkt C) aus der momentanen Position um ein kleines Stück x in Richtung von P gezogen, bewegt sich der Korken um eine kleinere Strecke y in Richtung von F. Die Wege stehen im Verhältnis der Hebelarme in bezug auf den Punkt A, $x{:}y = (a + b){:}b$. Die mechanische Arbeit $F \times y$ gegen die im Augenblick wirkende Gleitreibungskraft F muß von der Hand am Griff als Arbeit $P \times x$ der Zugkraft P aufgebracht werden. Also ist die Zugkraft $P = bF/(a{+}b)$. Aus dem Gleichgewicht der Kräfte läßt sich folgern, daß das Komplement der Zugkraft die Stützkraft $S = F - P = aF/(a{+}b)$ ist. Je größer das Verhältnis der Hebelarme ist, desto leichter läßt sich der

Korken ziehen und desto fester stützt sich der Korkenzieher auf der Flasche ab, desto länger wird aber auch der Weg $x = (1+a/b)y$, den die Hand mit dem Griff zurücklegen muß. Um einen Norm-Korken der Länge $y = 4{,}4$ cm ganz herauszuziehen, muß sich die Hand im Falle $a/b = 3$ schon $x = 17{,}6$ cm bewegen. Viel größer wird man deshalb das Verhältnis der Hebelarme nicht machen, obwohl die Zugkraft P sich für $a/b = 3$ nur auf ein Viertel der Lösekraft F verringert. Bei handelsüblichen Gelenk-Korkenziehern wird übrigens das große Parallelogramm in drei kleinere aufgelöst nach Art einer «Nürnberger Schere», wie es bei dem «Zig-Zag» geschehen ist, der in Frankreich heute noch im Handel ist.

Zurück zu Archimedes: In meiner bescheidenen Sammlung von zwanzig Korkenziehern unterschiedlicher Bauart mit Glocken oder Hebeln, mit Flügeln und Zahnstange oder mit Flaschenzug, Pumpe usw. sind mir die liebsten, die in abgewandelter Form ein Prinzip ausnutzen, das schon Archimedes (287? bis 212 v. Chr.)

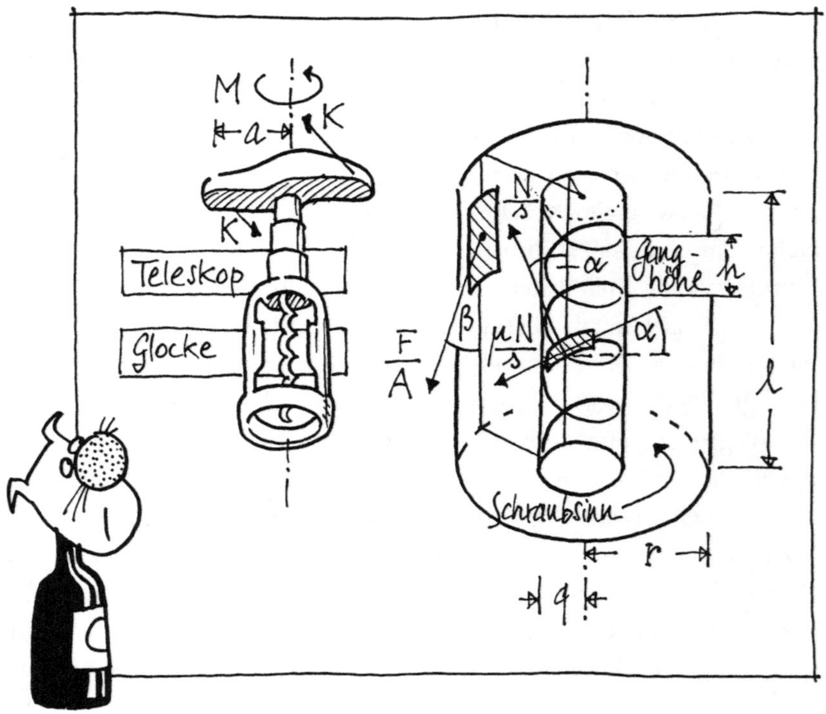

zur Wasserförderung verwendete. Es sind Glockenkorkenzieher, deren lange Schraube sich nicht nur beim Drehen des Griffs in den Korken schraubt, sondern in einem zweiten Arbeitsgang beim Weiterdrehen den Korken aus der Flasche fördert wie eine Förderschnecke. Wenn die Schraube sich auf der Stelle dreht, die Drehung des Korkens aber durch die Reibung im Flaschenhals eingeschränkt ist (oder in der Glocke durch zwei Führungsschienen sogar ganz verhindert wird), wandert der Korken je nach Drehsinn der Schraube aufwärts oder abwärts. In entsprechender Weise wurde seit dem Altertum bis ins Mittelalter in hohlen Schrauben drucklos Wasser gefördert. Dazu mußte man allerdings die Schrauben so weit neigen, daß sich Tröge bildeten, in denen das Wasser stehenblieb. Unter den vier Varianten, die ich von diesem Typ Korkenzieher besitze, bevorzuge ich die gezeichnete Bauart, die den oberen Teil der Schraube in einem Teleskop verschwinden läßt.

Der Winkel β, unter dem sich der Korken aus der Flasche schraubt (solange er nicht geführt wird), und das am Korkenziehergriff erforderliche Drehmoment folgen aus dem Gleichgewicht der Kräfte, die von der Korkenzieherschraube und dem Flaschenhals auf den Korken ausgeübt werden. An der Mantelfläche A des Korkens wirkt pro Flächeneinheit die Gleitreibungskraft F/A, deren Betrag nach der oben begründeten Hypothese bekannt ist, während ihre Richtung β gegen die Korkenachse aus den Gleichgewichtsbedingungen zu bestimmen ist. An dem Schraubenkanal der Länge s im Korken wirkt pro Längeneinheit die Normalkraft N/s senkrecht zur Windung und die dazu proportionale Gleitreibungskraft $\mu N/s$ in Richtung der Windung; μ ist die Coulombsche Gleitreibungszahl. Da die Wendel beim Einschrauben gewaltsam durch den Korken gepreßt wird, tritt außerdem eine Klemmkraft auf. Sie verursacht beim Verschieben des Drahtes in dem Kanal eine zusätzliche Reibungskraft, die mit der Dicke des Drahtes wächst. Dieser Effekt, der um so weniger ins Gewicht fällt, je fester der Korken sitzt, wird hier vernachlässigt; er kann bei genauerem Studium leicht berücksichtigt werden. Der Neigungswinkel α ist durch die Bauart der Korkenzieherschraube gegeben. Denkt man sich eine Windung der Schraube in eine Ebene abgewickelt, sieht man leicht ein, daß der $\tan\alpha$ gleich dem Verhältnis der Ganghöhe h zum Umfang $2\pi q$ der Schraube ist ($\tan\alpha = h/2\pi q$). Das Gleichgewicht der Kräfte in axialer Richtung und das Gleichgewicht der Drehmomente um die Achse liefern für den ganzen Korken die Gleichungen

$$(\cos\alpha - \mu \sin\alpha)N = F \cos\beta,$$
$$(\sin\alpha + \mu \cos\alpha)qN = rF \sin\beta = M.$$

Das Drehmoment M muß am Griff des Korkenziehers aufgebracht werden. Für den Winkel β ergibt sich nach Division der beiden Gleichungen und Ersetzung von $\tan\alpha$

$$\tan\beta = \frac{\frac{h}{2\pi q} + \mu}{1 - \mu \frac{h}{2\pi q}} \frac{q}{r}.$$

Mit den typischen Werten $h = 13$ mm, $q = 4$ mm und $r = 9$ mm folgt für $\mu = 0{,}2$ der Winkel $\beta = 20$ Grad. Bei gleichbleibenden Bedingungen würde sich ein Korken von $\ell = 4{,}4$ cm Länge unter diesen Voraussetzungen beim Ausziehen um weniger als ein Drittel seines Umfangs drehen. Mit wachsender Reibung der Schraube nimmt aber β zu, bis sich der Korken für

$$\mu = \frac{2\pi q}{h}$$

nur noch dreht. Damit der Korkenzieher gut arbeitet, muß die Reibung an der Korkenzieherschraube so klein wie möglich gehalten werden. Deshalb überzieht man bei modernen Korkenziehern dieser Art den Draht mit einem besonders gleitfähigen Material, zum Beispiel Teflon.

Mit einem Korkenzieher-Sammler, der durch diesen Aufsatz auf mich aufmerksam wurde, habe ich inzwischen ein Tauschgeschäft gemacht. Wir tauschten einen «Lazy Fish», eine britische Variante des «Zig-Zag», gegen einen «Liftboy», der nach dem Flaschenzugprinzip arbeitet. Meine Sammlung wächst langsam. Der Einfallsreichtum der Korkenzieher-Erfinder ist aber so groß, daß ich keine Hoffnung habe, jemals eine vollständige Kollektion aller typischen Konstruktionen mein eigen zu nennen.

Eierwettlauf auf der schiefen Ebene

Dieses physikalische Spiel, das ich zuallererst im Fernsehen vorstellte, hat schnell weite Verbreitung gefunden. Es hat mich besonders gefreut, als es mir kurze Zeit später in einem Schwarzwälder Hotel vom Küchenpersonal wiedererzählt wurde. Das kleine Problem gehört zu den kniffligen Fragen, bei denen Denkroutine auf die falsche Fährte führen kann und gesunder Menschenverstand eine Chance gegen Spezialwissen hat.

Der Küchentest: Können Sie sich vorstellen, Sie kommen spät abends hungrig von der Reise zurück und suchen in Küche und Keller nach etwas Eßbarem? Im Kühlschrank finden Sie ein paar Eier. «Spiegeleier», denken Sie und bekommen Appetit. Aber da stellen sich bei Ihnen Bedenken ein. Sind das die alten, hartgekochten Eier für den Reiseproviant, die nicht mehr ins Gepäck paßten? Oder hat der Eiermann inzwischen frische Eier gebracht und die Nachbarin sie ohne Ihr Wissen in den Kühlschrank gepackt? Bei den Nachbarn kann man um diese Tageszeit nicht mehr klingeln. Erfahrene Hausfrauen wissen sich zu helfen. Sie kennen einen einfachen Test, hartgekochte Eier von rohen zu unterscheiden: Sie fassen das fragliche Ei an beiden Enden und versetzen es auf dem Küchentisch mit einem Schwung in rasche Drehung. Hartgekochte Eier drehen sich fast so elegant wie Spielkreisel (ein bißchen «Eiern» läßt sich nicht vermeiden, weil ihr Schwerpunkt nicht im Querschnitt mit dem größten Durchmesser liegt, auf dem sie geradeausrollen könnten). Rohe Eier laufen anfangs schwerfälliger, und daran ist ihr flüssiges Inneres schuld. Das flüssige Eiweiß vermag der

Drehung der Eischale nicht augenblicklich zu folgen. Der Test läßt sich etwas verbessern: Das zu prüfende Ei wird nach dem Andrehen kurz angehalten und wieder losgelassen. Rohe Eier beginnen danach wieder, sich zu drehen, weil ihr flüssiger Inhalt bei dem kurzen Stopp nicht zur Ruhe gekommen ist und die Eierschale wieder in Bewegung setzt. Hartgekochte Eier rühren sich anschließend nicht mehr von der Stelle, vorausgesetzt, die Tischplatte ist so genau waagerecht, daß sie nicht wegrollen und die Hausfrau nicht selbst dem Ei beim Loslassen unbeabsichtigt einen kleinen Stoß gibt. Derart unerwünschte Bewegungen lassen sich leicht in Grenzen halten, indem man die Eier auf einem Teller drehen läßt.

Das Problem: Jetzt wissen Sie, daß sich rohe, genauer: flüssige Eier schlechter drehen als hartgesottene, und mit diesen Erkenntnissen können wir uns dem eigentlichen Problem zuwenden: dem Eierwettlauf auf der schiefen Ebene. Wenn wir das Experiment sorgfältig ausführen wollen, bauen wir dafür eine nicht zu kurze Rennbahn: zwei unter 25 bis 30 Grad geneigte Bretter, etwa 15 Zentimeter breit und mindestens einen Meter lang, mit Filz beklebt, damit die Eier

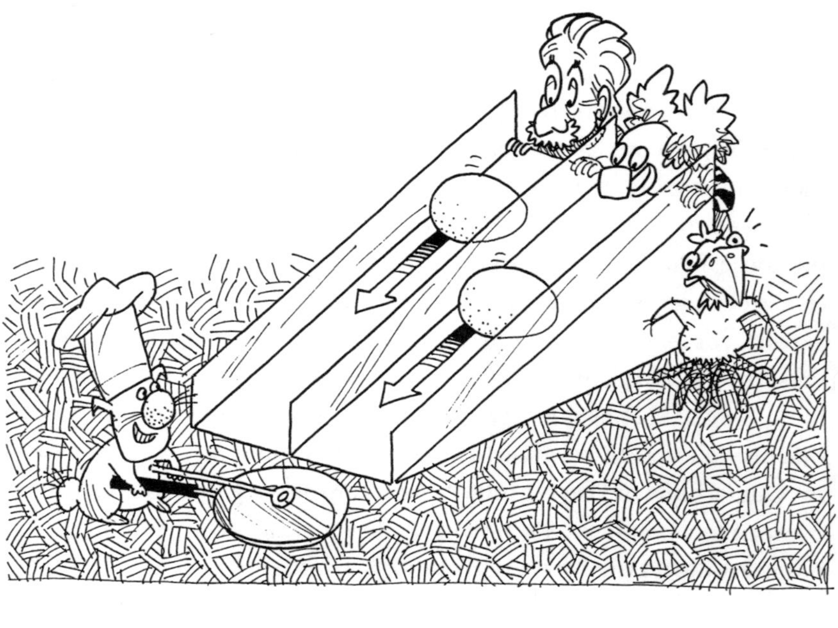

rollen und nicht rutschen. Die beiden Bahnen für das rohe und das gekochte Ei werden mit glatten Plexiglaseinfassungen gegeneinander abgegrenzt. Klappe auf, Start! Die Eier beginnen zu rollen. Welches Ei rollt schneller? Denken Sie daran, die Eier am Ziel aufzufangen, damit es kein Rührei gibt!

Die Lösung: Bevor Sie ans Werk gehen oder weiterlesen, machen Sie doch, bitte, rasch eine Voraussage! Wer gewinnt das Rennen? Ich habe schon ordentliche Physikprofessoren erlebt, in deren geschultem Kopf nach dieser Frage eine Denkroutine ablief: Rohes Ei – zähe Flüssigkeit – Energiedissipation (Verlust von Bewegungsenergie durch innere Reibung der Flüssigkeit) – langsamer! Leider führt diese Schlußkette zum falschen Ergebnis, denn tatsächlich ist das rohe Ei das schnellere, und das hat einen einfachen Grund: Es muß auf dem gleichen Weg weniger Energie in die Drehbewegung stecken als das harte Ei, das ähnlich wie ein Rad rollt. Beim rohen Ei «rollt» zu Anfang nur die äußerste Schicht, während der flüssige Kern wie auf Schlittenkufen gleitet und erst allmählich von außen nach innen in Drehung versetzt wird. Beim Start aus gleicher Höhe steht anfangs beiden Eiern, dem rohen und dem hartgekochten, derselbe Betrag an «Energie der Lage» (potentieller Energie) sozusagen als Anfangskapital zur Verfügung. Wer mehr Energie für die Drehbewegung benötigt, dem bleibt weniger für die Vorwärtsbewegung entlang der schiefen Ebene übrig, wenn sonst keine Energie verbraucht wird. Also bleibt das hartgekochte Ei hinter dem rohen Ei zurück. Der Unterschied ist deutlich zu beobachten, wenn die Bahn lang genug ist.

Eier und Uhren: Der Physiker von vorhin gibt sich nicht so leicht geschlagen. Im Fall der Eier ist es offensichtlich: Das flüssige Ei rollt rascher als das feste. Könnte aber vielleicht bei anderen Körpern (zum Beispiel Zylindern) und anderen zähen Flüssigkeiten (zum Beispiel Glyzerin) die innere Reibung der Flüssigkeit doch mehr Bewegungsenergie «dissipieren» (letztendlich zur Erwärmung des Körpers verbrauchen), als im starren Vergleichskörper Energie in die Drehbewegung gesteckt werden muß? Ich glaube das bei rotationssymmetrischen Körpern nicht, aber ich kann es nicht beweisen. Um die Frage theoretisch zu entscheiden, könnte man daran denken, die Strömung der zähen Flüssigkeit im Innern des beschleunigt rollenden Körpers zu berechnen, aber das müßte man numerisch mit Hilfe eines großen Computers machen, und es wäre eine umfangreiche Arbeit. Seit über 350 Jahren sind verwandte Mechanismen bekannt, deren kompliziertes Innenleben offenbar genau so abläuft, wie es bei dem rohen Ei offensichtlich nicht möglich ist: mehr Energie zu dissipieren, als das hartgekochte Ei in seine Drehung stecken muß. Ich denke an die «Uhren auf der schiefen Ebene», deren erste wohl Isaac Harbrecht um 1600 in Straßburg gebaut hat. Ihr Innenleben unterscheidet sich aber von dem der Eier in einem wesentlichen Detail: dem exzentrischen Schwerpunkt, der so weit nach rückwärts verlagert werden kann, daß sie auf einer nicht zu steilen schiefen Ebene sogar stehen können. Hierauf ausführlich einzugehen, wäre reizvoll, aber es wäre ein Thema für sich.

Eine kleine Übung in Mechanik: Das einfachste Modell des rollenden Eies ist eine Art Gleitlager. Die feste Schale wird zum Hohlzylinder, in dem sich auf einem dünnen Schmierfilm ein kleinerer Zylinder dreht, der das flüssige Innere des Eies darstellt. Beim reinen Rollen ohne Schlupf auf der schiefen Ebene hängt die Geschwindigkeit $\dot{x}$ des äußeren Zylinders mit seiner Winkelgeschwindigkeit Ω und dem Außenradius R durch die «Rollbedingung» $\dot{x} = R\Omega$ zusammen (übergesetzte Punkte bedeuten Ableitungen nach der Zeit). Der innere Zylinder macht zwar zwangsweise die Verschiebung des äußeren Zylinders mit, aber die Winkelgeschwindigkeit ω seiner Drehung ist im allgemeinen von Ω verschieden. Die Drehung des inneren Zylinders wird von außen durch das Drehmoment $L = k(\Omega - \omega)$ angetrieben, das der Schmierfilm überträgt. Die Reibungskonstante k läßt sich aus der Zähigkeit des Schmiermittels und den Abmessungen des Schmierspaltes bestimmen.

Um das gekochte Ei zu modellieren, denken wir uns das Gleitlager blockiert und lassen den inneren und den äußeren Zylinder als einen einzigen starren Körper die schiefe Ebene hinabrollen. In diesem Fall folgt aus den Bewegungsgleichungen für die geradlinige Fortbewegung des Schwerpunkts und die Drehung um den Schwerpunkt in Verbindung mit der Rollbedingung die Bewegungsgleichung

$$\ddot{x} = \gamma g \sin\alpha = \ddot{x}_0 ,$$

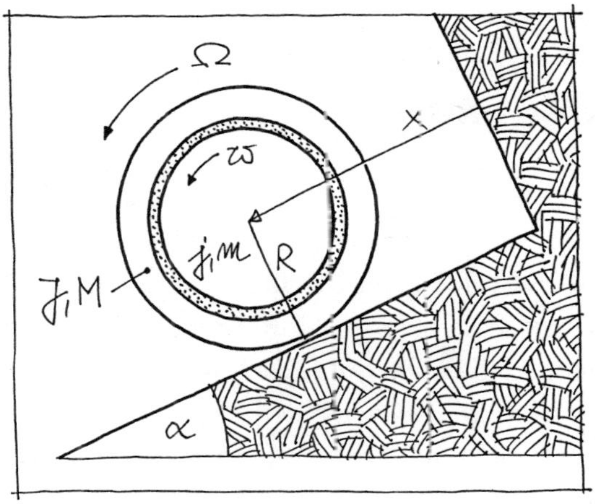

in der α den Neigungswinkel der Ebene, g die Schwerebeschleunigung und γ eine Konstante bedeuten, die sich aus den Massen M, m und den Trägheitsmomenten J, j des großen und des kleinen Zylinders errechnet: $\gamma = (1 + (J+j)/(M+m)R^2)^{-1}$.

Wie man daran sieht, ist die Bewegung gleichförmig (konstant) beschleunigt wie der freie Fall, aber um die Faktoren $\sin\alpha$ und γ, die kleiner als eins sind, verlangsamt. Der Quotient $(J+j)$ / $(M+m)R^2$ ist übrigens das Verhältnis der kinetischen Energien der Rotation und der Translation. Es liegt zwischen 0 und 1 und nimmt für den rollenden homogenen Zylinder den Wert 1/2 an. Die Gleichungen gelten für rotationssymmetrische starre Körper schlechthin, und man kann aus ihnen ablesen, daß alle homogenen Zylinder oder alle homogenen Kugeln gleich schnell laufen, sofern weder die Rollreibung noch der Luftwiderstand ins Gewicht fallen, die in den Gleichungen nicht berücksichtigt sind.

Zur Modellierung des rohen Eies machen wir den inneren Zylinder beweglich. Dabei wird man auf zwei Bewegungsgleichungen für Ω und ω geführt, aus denen man eine Differentialgleichung für die Relativbewegung $\Omega - \omega$ des Außen- gegen den Innenzylinder ableitet. Mit den Abkürzungen $\lambda = k/\delta\gamma j$, $\mu = g \sin\alpha/\delta R$ und $\delta = 1 + J/(M+m)R^2$ lautet sie

$$(\Omega - \omega)^{\bullet} + \lambda(\Omega - \omega) = \mu.$$

Ihre Lösung zur Anfangsbedingung $\Omega(0) = \omega(0)$ lautet

$$\Omega - \omega = \frac{\mu}{\lambda}(1 - e^{-\lambda t}).$$

Mit ihr erhält man aus der Bewegungsgleichung für den äußeren Zylinder nach einigen Umformungen dessen Beschleunigung:

$$\ddot{x} = \ddot{x}_o (1 + \beta e^{-\lambda t}).$$

Darin ist der Übersichtlichkeit halber die Abkürzung $\beta = j/(J+(M+m)R^2)$ verwendet. Ohne die vielen, sämtlich positiven, Konstanten zu bestimmen, erkennt man, daß die Beschleunigung des Gleitlagers (d.h. des rohen Eies) immer größer ist als die Beschleunigung des starren Zylinders (d.h. des gekochten Eies). Der Geschwindigkeitsunterschied und erst recht der Abstand beider Körper wächst mit der Zeit. Das rohe Ei sollte also das Rennen in jedem Fall gewinnen.

Auslauf in der Ebene: Wie wird der Wettlauf des rohen Eis mit dem hartgekochten Ei am Schluß aussehen, wenn die schiefe Ebene in einem sanften Bogen in die Horizontale geführt wird? Erinnern wir uns an die Energiedissipation im rohen Ei! Das rohe Ei erreicht die Horizontale zwar früher als das hartgekochte, aber mit weniger Bewegungsenergie (wofür es sich um Bruchteile eines Celsiusgrades erwärmt haben sollte). Vom Rollwiderstand abgesehen, von dem beide Eier ungefähr gleich stark betroffen sind, wird das rohe Ei auf horizontaler Bahn durch sein flüssiges Inneres gebremst und gibt dem hartgekochten Ei eine Chance, es zu überholen. Das Experiment macht man besser nicht mit Eiern, die gern aus der Bahn laufen, sondern läßt einen Vollzylinder aus Plexiglas gegen einen Plexiglas-Hohlzylinder antreten, der mit Glyzerin gefüllt ist. Bei geeigneten Abmessungen der Bahn nimmt der Vollzylinder dem flüssigkeitsgefüllten Hohlzylinder seinen auf der Schräge gewonnenen Vorsprung auf der langen Horizontalen wieder ab und gewinnt das Rennen.

Eine wahre Begebenheit: Als ich im sogenannten Superwahljahr von einer ostdeutschen Universität zu einem öffentlichen Abendvortrag über Spielzeug- und Alltagsphysik (mit vielen Experimenten) eingeladen worden war, warb der Gastgeber am Morgen des Tages in der Tageszeitung unter der Überschrift «Eierlauf an der Uni», obwohl das Spiel mit den Eiern im Herbst gar nicht im

Programm war. Schon am frühen Vormittag kamen zwei dienstbeflissene Beamte der Kriminalpolizei in die Universität und forschten nach, ob ein Anschlag auf den deutschen Bundeskanzler vorbereitet werde. Der Zufall wollte es nämlich, daß der Kanzler am gleichen Tag in derselben Stadt eine Wahlkundgebung abhielt. Das war Grund genug, Herrn Dr. Kohl einige Tage danach einen spöttischen Brief betreffs Ovophobie und Angst vor rohen Eiern auf der schiefen Bahn zu schreiben. Genau zehn Tage später schrieb der Kanzler im gleichen Frotzelton zurück. Er gratuliere, daß ich zur Konkurrenzveranstaltung immerhin vierhundert Ovophile auf die schiefe Bahn zu locken vermochte, und wünsche weiterhin viel Erfolg bei eierkundlichen Experimenten. «Vergessen Sie bei alledem aber nicht», endete der Brief, «daß gelegentlich auch ein Spiegelei oder ein raffiniert zubereitetes Omelette nicht zu verachten sind».

Der paradoxe Eierkocher

Freundliche Herausforderung: Zu dieser Geschichte veranlaßte mich die dringliche Nachfrage eines Kollegen, den das Problem so sehr bewegte, daß er mir sogar eine Postkarte aus dem Schwarzwald schrieb: «Lieber Herr Bürger, wenigstens im Urlaub helfe ich im Haushalt und mache das Frühstück. Dabei stieß ich wieder auf das Eier-Paradoxon (mehr Eier = weniger Wasser).» Neugierig gemacht, begann ich bei nächster Gelegenheit, mit der Stoppuhr in der Hand Eier zu kochen, um auf die Sekunde genau festzustellen, wie lange ein handelsüblicher Eierkocher braucht, um ein, zwei oder drei Eier «weich»zukochen. Obwohl ich die Eier nach dem Abkühlen mehrfach wiederverwendete (in der berechtigten Annahme, daß ein gekochtes Ei sich hinsichtlich seiner Fähigkeit, Wärme zu leiten und zu speichern, nicht sehr von einem rohen, flüssigen unterscheide), sammelten sich mehr und mehr gekochte Eier in meiner Küche. Und am Ende schien es das größere Problem zu sein, jemanden zu finden, der die Eier alle aufessen würde.

Konstruktionsmerkmale: Die gebräuchlichen Eierkocher aller mir bekannten Hersteller beruhen auf demselben einfachen Prinzip. Sie garen die Eier nicht im Wasserbad, sondern im Dampf. Der Automat besteht aus drei Teilen, zuunterst einer elektrisch beheizten flachen Verdampferschale, in die man, den Angaben auf dem beigefügten Meßbecher folgend, zum Kochen einer bestimmten Zahl von Eiern eine bemerkenswert kleine Menge Wasser einfüllt.

Darauf steht ein leichtes Gestell, auf dem (je nach Größe) bis zu sieben Eier Platz finden. Das Gefäß wird lose mit einem Deckel verschlossen, der oben ein kleines Loch als Dampfauslaß hat. Damit ist schon klar, daß beim Erhitzen kein spürbarer Überdruck im Gefäß entstehen kann. Er würde den Deckel abwerfen. Die Eier werden also unter normalem Atmosphärendruck gegart, der je nach Wetterlage bei uns etwa zwischen 950 und 1040 Millibar oder Hektopascal (hPa) schwankt.

Da die Garzeit der Eier selbstverständlich von der Temperatur des Dampfes abhängt, die Siedetemperatur aber ihrerseits vom Druck, wirft dieser Unterschied sogleich die Frage auf, ob ein Kochautomat für Eier, der sich selbst über die Temperatur steuert, nicht das Wetter berücksichtigen müsse. Schon bei flüchtiger Besichtigung der sogenannten «Sättigungsdampfdruckkurve» des Wassers (des Zusammenhangs zwischen den Drücken und Temperaturen beim Sieden) findet man jedoch die beruhigende Sachlage, daß die Siedetemperatur des Wassers sich mit den meteorologischen Druckschwankungen von höchstens 90 hPa um nicht mehr als 2,5 Grad ändert. Den Meteorologen ist das vom Hypsometer bekannt, einem auf der genauen Bestimmung des Siedepunkts beruhenden Druckmesser, der als Höhenmeßgerät (daher der Name!) Verwendung findet. Im Gegensatz zum Eierkochen ist die schwache Abhängigkeit des Siedepunkts vom Druck beim Meßinstrument von Nachteil. Die Siedepunkterniedrigung bei fallendem Druck gewinnt erst bei extremen Höhendifferenzen Bedeutung – zum Beispiel, wenn wir den Gipfel des Mount Everest besteigen würden, wo Wasser schon bei Temperaturen um die 75 Grad Celsius siedet. Selbst wenn wir dort eine Steckdose für 220 V fänden, würden Eier mit der vom Meßbecher vorgeschriebenen Wassermenge sicher nicht gar werden.

Kochversuche: Beim Abmessen der Wassermenge hat man tatsächlich Grund, sich zu wundern. Auf dem zum Gerät gehörenden Meßbecher aus Plexiglas sind in den drei Meßbereichen «weich», «mittel» und «hart» Eichstriche für die erforderlichen Wassermengen bei jeder möglichen Anzahl bis zu sieben Eiern angezeichnet. Wie erwartet, braucht man mehr Wasser, Eier hartzukochen, als für «weiche» Frühstückseier. Aber wieso verlangt der Automat für eine größere Zahl von Eiern in jedem Fall eine geringere Menge Wasser? Ist das nicht paradox?

Meine ersten Kochversuche machte ich mit Eiern von Zimmertemperatur ($T_o = 22°$ C) in einem kleinen Eikochautomaten für ein bis drei Eier bei einer elektrischen Heizleistung von Q = 270 Watt. Für Menschen wie mich, die bisher die Eier im Wasserbad gekocht hatten, galt es, vom vertrauten Vierminutenei Abschied zu nehmen. Dafür nahm mir das Gerät wie zum Trost die Verantwortung ab, überhaupt auf die Zeit achten zu müssen, genaugenommen: Es hätte mich von der Pflicht befreit, wenn ich nicht die Zeit hätte auf die Sekunde stoppen wollen. Nach sechseinhalb Minuten gab der Automat durch unangenehmes lautes Tuten zu erkennen, daß das Wasser bis auf einen unbedeutenden Rest verdampft war. Es war das Signal zu meinem Einsatz, den Netzstecker zu ziehen und die fertigen Eier abzuschrecken. Die Versuche mit ein, zwei und drei Eiern bestätigten – im Rahmen der mäßigen Genauigkeit, mit der sich das Wasser mit dem Meßbecher abmessen läßt –, daß die Verdampfzeit bei den vorgeschriebenen Wassermengen näherungsweise unabhängig von der Zahl der Eier ist, zur Herstellung weicher Eier kürzer als für mittelharte oder harte. Bei den nächsten Versuchen mit Eiern aus dem Kühlschrank ($T_o = 8°$C) verlängerte sich zwar die Verdampfzeit des Automaten um etwa eine halbe Minute, sie hing aber ebenfalls so gut wie gar nicht von der Anzahl der Eier ab. Mit längerer Kochzeit reagiert das Gerät richtig auf kältere Eier und zeichnet sich dadurch als ein fast perfekter Automat aus, der sein Ziel sogar ohne elektronische Regelung erreicht. Auf die unterschiedlichen Größen der Eier kann er sich nicht selbst einstellen, wir müssen ihm für größere Eier ein bißchen mehr Wasser geben.

Auflösung eines scheinbaren Widerspruchs: Bei gleicher Garzeit braucht der Eierkocher um so weniger Wasser, je größer die Zahl der Eier ist. Zum vollständigen Verdampfen der gleichen Wassermenge braucht er daher desto mehr Zeit, je mehr Eier er beherbergt. Warum? Die Erklärung ist einfach: Mehr Eier bieten dem Dampf eine größere Fläche zur Rückkondensation. Da die Eier kühler als der Dampf sind (nicht nur am Anfang, sondern, bei kleiner werdendem Temperaturunterschied, bis zum Ende des Kochvorgangs), schlägt sich Wasser auf ihrer Oberfläche nieder und fließt von da in die Verdampferschale zurück. Die bei der Kondensation freigesetzte Wärme (Verdampfungsenthalpie) erwärmt die Eier. Der Energietransport von der Heizung zu den Eiern erfolgt also durch die «latente» (verborgene) Wärme im Dampfstrom. Auch am Gefäßdeckel kondensiert Dampf, die dort abgeladene Energie geht aber durch Wärmeleitung nach außen verloren, was man als Verringerung der effektiven Heizleistung des Geräts verbuchen kann. Nur ein kleiner, mit der Zeit wachsender Teil des erzeugten Dampfes verläßt das Gefäß in jedem Augenblick als Dampf oder Nebel durch die kleine Öffnung im Deckel. Solange Wasser in der Verdampferschale ist, kann sie sich nicht wesentlich über die dem Außendruck entsprechende Siedetemperatur (von rund 100°C) erhitzen. Erst wenn alles Wasser verdampft ist, steigt die Temperatur rasch an, und ein Temperaturschalter betätigt den Summer.

Ein ähnlicher Wasserkreislauf mit Verdampfung und Kondensation findet übrigens im Dampfkochtopf statt, wenn auch unter höherem Druck. Auf den empfindlichen Gemüsen aus biologischem Anbau, die der Koch/die Köchin gern schonend garen möchte, schlägt sich Kondensat nieder und fließt zurück in die Ablaufschale. Die Lebensmitteltechnologen können uns sagen, ob das Kochgut dabei weniger ausgelaugt wird als im Wasserbad beim üblichen Kochen. Beim Trockengang in Geschirrspülern und in Wäschetrocknern läßt man ebenfalls Wasserdampf vom erwärmten Trockengut sich auf kühleren Flächen niederschlagen. Man sorgt aber dafür, daß das Kondenswasser abfließen kann.

Theoretisches Eierkochen: Gemessen am eigentlichen Kochvorgang ist die Aufheizphase, in der das Wasser zum Kochen kommt und die Eier noch ungefähr ihre Anfangstemperatur behalten, nur von kurzer Dauer. Außerdem ist die Aufheizzeit erfahrungsgemäß mehr von der Erhitzung des Kochers als von der Zahl der Eier und den entsprechenden Wassermengen abhängig. Sie wird daher im folgenden als konstant angenommen und scheidet damit aus der weiteren Diskussion aus. Etwa eine halbe Minute nach dem Einschalten des Kochers kündet die zunehmende Nebelentwicklung am Dampfauslaß an, daß die Siedetemperatur erreicht ist. Im anschließenden Kochprozeß verteilt sich die effektive Heizleistung Q des Gerätes (worunter seine elektrische Leistung, vermindert um die Wärmeverluste, zu verstehen ist) auf zwei Anteile: die Erwärmung der n Eier durch den Wärmestrom q (die in der Zeiteinheit durch die Oberfläche A eines jeden Eies tretende Energie) und den Energieverlust durch den Teil des Dampfes, der das Gerät endgültig verläßt. Das Verdampfungsgesetz lautet also:

$$Q = -r dm/dt + nq.$$

Darin bedeutet der (als konstant vorausgesetzte) Koeffizient r die spezifische Verdampfungsenthalpie des Wassers (pro Kilogramm Masse). Der Quotient dm/dt ist die Differenz der in der Verdampferschale pro Zeiteinheit verdampften und der gleichzeitig von den Eiern zurückfließenden Wassermengen und gibt die zeitliche Änderung der immer kleiner werdenden Restmasse m des Wassers an (daher das Minusvorzeichen!).

Der Wärmestrom q erhöht den Energieinhalt eines Eies entsprechend seiner Masse M, seiner spezifischen Wärme c (der Energiezunahme pro Kilogramm Masse und pro Grad Temperaturanstieg) und proportional zur Erhöhung seiner mittleren (das heißt, kalorisch über das Volumen gemittelten) Temperatur T:

$$Mc\, dT/dt = q.$$

Das ist die Energiebilanz. Der Wärmestrom wächst in direkter Proportion zur Oberfläche A. Sein thermischer Antrieb ist das Temperaturgefälle von der an der Oberfläche herrschenden Sättigungstemperatur T_s des Dampfes zur niedrigeren Temperatur T im Innern des Eies. Daraus ergibt sich das Wärmeübergangsgesetz:

$$q = \alpha A(T_s - T).$$

Der Koeffizient α hängt von der Wärmeleitung im Ei und, genaugenommen, auch von der Wärmeleitung in dem dünnen Kondensatfilm ab, von dem das Ei umgeben ist. Seine Bestimmung als Funktion der Zeit führt auf eine umfangreiche mathematische Aufgabe, die für ein kugelförmig gedachtes Ei im Prinzip lösbar ist. Ohne darauf einzugehen, kann man von den physikalischen Dimensionen ableiten, daß α proportional zur Wärmeleitfähigkeit λ und umgekehrt proportional zu einem charakteristischen Längenmaßstab sein muß. Beim Ei wird man dafür den Radius R der volumengleichen Kugel einsetzen. Der Proportionalitätsfaktor ist eine reine Zahl (Nußeltzahl), für die die Theorie einen Wert nahe bei 3 liefert: $\alpha \approx 3\lambda/R$.

Mit dem Wärmeübergangsgesetz wird die Energiebilanz für das Ei zur Gleichung der Temperaturleitung in sein Inneres: $dT/dt = (T_s - T)/\tau$ mit der Relaxationszeit $\tau = Mc/A\alpha$. Ihre Lösung zur Anfangstemperatur T_o liefert die zeitliche Entwicklung der Temperatur des Eies und den Wärmestrom, $q = \alpha A(T_s - T_o)\exp(-t/\tau)$, mit dessen Kenntnis es keine Schwierigkeit mehr bereitet, auf direktem Wege die Verdampfung der anfänglich vorhandenen Wassermasse m_o zu berechnen. Das Ergebnis ist eine umfangreiche Formel, die dem Leser erspart bleiben soll. Da die vorliegende Rechnung nur darauf abzielt zu bestimmen, welche Wassermenge m_o in einer vorgegebenen Garzeit t_E vollständig verdampft, begnügen wir uns damit, den letzteren Zusammenhang anzugeben:

$$m_o = \frac{Qt_E}{r} - nm_c \quad (1 - \exp(-t_E/\tau))$$

mit $m_c = Mc(T_s - T_o)/r$. Das ist der gesuchte Zusammenhang zwischen der Wassermenge m_o zum Kochen von n Eiern und der Garzeit t_E (nach Abzug der Aufheizdauer). Für jedes zusätzliche Ei ist die Wassermenge um den gleichen Betrag, $m_1 = m_c\,(1 - \exp(-t_E/\tau))$, zu reduzieren. Die entsprechenden Eichstriche müssen also auf einem zylindrischen Meßbecher gleichen Abstand haben.

Um Zahlenwerte auszurechnen, braucht man physikalische Konstanten, Systemparameter und Versuchsdaten. Meine Versuche beruhten auf den folgenden Werten: Q = 270 W (Verluste nicht gerechnet); $r = 2{,}3\times10^6$ J/kg; $c = 3{,}3\times10^3$ J/kg K; λ = 0,5 W/m K; R = 2,2 cm = $2{,}2\times10^{-2}$ m; A = 75 cm^2 = $7{,}5\times10^{-3}$ m^2; M = 70 g = 7×10^{-2} kg; T_s = 100°C, T_o = 22°C; t_E = 6 min = 360 s (beobachtete 6,5 min minus Aufheizzeit 0,5 min). Daraus werden abgeleitet: $\alpha = 3\lambda/R$ = 68 W/m^{2}K; $\tau = Mc/A\alpha$ = 452 s = 7,5 min; Qt_E/r = 42,3 g; m_1 = 4,3 g. Somit ergibt die Berechnung für ein bis drei Eier 38,0 g (n = 1); 33,7 g (n = 2); 29,4 g (n = 3). Die volumetrische Bestimmung der Wassermengen am Gerät ergab, zum Vergleich: 30 g (n = 1); 24,5 g (n = 2); 19,5 g (n = 3). Würde man einen möglichen Energieverlust von 40 W in Rechnung stellen, also ein effektives Q = 230 W annehmen, fiele der Vergleich günstiger aus: 31,7 g (n = 1); 27,4 g (n = 2); 23,1 g (n = 3). Die Ergebnisse sind nur qualitativ richtig. Quantitative Übereinstimmung von Rechnung und Beobachtung wäre bei den der Theorie zugrundeliegenden Vereinfachungen ein Zufallsergebnis.

Energie sparen: Zum Eierkochen fallen mir noch viele Fragen ein, die jetzt unbeantwortet bleiben müssen. Wie gart ein Ei? Genügt es, kurzzeitig eine Schwellentemperatur (z.B. 70° C) zu überschreiten? Oder erfordert der Gerinnungsprozeß des Eiweißes eine länger dauernde Einwirkung einer höheren Temperatur? Warum gart man Eier nicht im Mikrowellenherd? Vorsicht beim Ausprobieren! Schützen Sie das Gerät vor der kleinen Explosion, bei der die Schale platzt!

Eine einfache Antwort läßt sich auf die folgende Frage geben: Helfen Dampfeierkocher, Energie zu sparen? Bei 270 Watt elektrischer Leistung verbraucht der kleine Eierkocher in 6,5 min Betriebszeit knapp 0,03 kWh. Zum Eierkochen im Wasserbad fülle ich meinen kleinsten

Topf von 16 cm Durchmesser mit dreiviertel Litern Wasser, um die Eier wenigstens annähernd zu bedecken. Das Erhitzen von 0,75 kg Leitungswasser (12° C) auf Siedetemperatur (100° C) kostet bereits mehr als 0,06 kWh. Dazu kommen die Energie zur Verdampfung von Wasser während der Dauer von 3–4 Minuten sowie die unvermeidlichen Energieverluste. Der Dampfeierkocher ist also energetisch klar überlegen, und wer umweltbewußt haushalten will, sollte die Frühstückseier nicht im Wasserbad kochen, es sei denn, er benutzt das Wasser anschließend zum Kaffee, was sicher nicht nach jedermanns Geschmack ist. Wenn Sie kein Spezialgerät besitzen, können Sie jeden Kochtopf mit gut schließendem Deckel als provisorischen Dampfeierkocher verwenden. Falls Sie die Kochplatte nach dem Beginn des Siedens zurückschalten, genügen weniger als 100 ml Wasser, die den Boden des Topfes kaum einen halben Zentimeter hoch bedecken. Nach vier Minuten, wenn Sie Ihr weiches Frühstücksei herausnehmen, ist etwa die Hälfte des Wassers verdampft. Der Energieverbrauch ist sogar bei diesem Provisorium deutlich niedriger als beim Eierkochen im Wasserbad.

Nachsatz: In einer populärwissenschaftlichen Fernsehsendung wurde die Paradoxie des Eierkochers als Preisfrage an die Zuschauer gestellt. Fristgerecht sandte ich meine vorstehende Lösung an die Sendeanstalt nach Köln. Zur Erleichterung für die Redakteure hatte ich sogar die Quintessenz mit rotem Marker angestrichen. Wie überrascht war ich, als die Moderatoren bei der Auflösung in der nächsten Sendung der Reihe die Trivial-Erklärung gaben: Mehr Eier brauchten mehr Platz im Kocher, daher werde weniger Dampf und entsprechend weniger Wasser benötigt. Wie einfach – wie falsch! Besonders ärgerlich daran ist, daß das einflußreiche Massenmedium eine Pseudo-Erklärung verbreitet, der das wichtigste Element des thermischen Prozesses fehlt: Wie sollen denn die Eier heiß werden, wenn nicht durch die Kondensation von Wasser auf ihrer Oberfläche? Energietransport durch Dampf ist ein wichtiger Prozeß in der Natur und in der thermischen Verfahrenstechnik, weil die Verdampfungsenthalpie des Wassers sehr groß ist. Auch in dem durstigen Trinkvogel (siehe dort!) spielt ein Verdampfungs-Kondensations-Kreislauf eine wichtige Rolle. Natürlich habe ich keinen Preis bekommen.

Die Straßenbahn-Paradoxie

Ein Experiment: Nach meiner Erfahrung erlebt man es nur in der Straßenbahn, und für den Fall, daß Sie nie die Straßenbahn benutzen, muß ich Ihnen die Umstände sehr genau beschreiben. Manchmal steigt man an der letzten Tür zu, weil der Zug an der Haltestelle zu weit vorgefahren war oder weil man zu spät war und ihn erst im letzten Augenblick erreichte. Während die Bahn anfährt und beschleunigt, will man nach vorn gehen, um sich auf einen der Sitzplätze zu setzen. Aber da fühlt man einen Widerstand. Es macht ordentlich Mühe, vorwärts zu laufen, man muß arbeiten, als ob man einen Berg hinaufstiege. Schließlich sind die vorderen Plätze erreicht, man tritt in eine Reihe und läßt sich erleichtert auf einen Sitz fallen.

Ein Widerspruch: Mehr oder weniger bequem sitzend hat man Muße, über die Herausforderung durch die Technik nachzusinnen. Es steht fest, daß der Fahrgast, der in der anfahrenden Straßenbahn nach vorn läuft, bei seinem Manöver mechanische Arbeit leisten muß. Man fühlt sie ebenso, wie man die Arbeit beim Heben einer Last fühlt. Der nächste Gedanke führt auf ein Problem: Um voranzukommen, stößt sich der Fahrgast am Wagenboden nach vorn ab und drückt den Waggon dadurch nach hinten. Bei gelösten Bremsen und ausgekuppeltem Motor würde der Wagen durch den Rückstoß nach hinten ausweichen. Also muß selbstverständlich auch der Motor des Triebwagens zusätzliche Arbeit leisten. Mehrarbeit für beide, den Fahrgast und die Straßenbahn, das erscheint paradox. Geleistete Arbeit müßte doch jemandem zugute kommen. So schreibt es der Energiesatz vor, mit anderen Worten: Was der Fahrgast leistet, sollte der Motor sparen. Ich fände es zwar dumm, bei den hohen Fahrpreisen der öffentlichen Verkehrsmittel auch noch den Triebwagen schieben zu helfen, aber so wäre wenigstens die Physik in Ordnung.

Die Auflösung: Es ist gar nicht so verwunderlich, wie es auf den ersten Blick scheint, daß der Fahrgast und der Motor sich anfangs gemeinschaftlich anstrengen müssen, den Fahrgast in der Bahn nach vorn zu bringen. Der Fahrgast erreicht dadurch vorübergehend eine höhere Geschwindigkeit als die Bahn und damit eine größere Bewegungsenergie (pro Kilogramm seiner Masse) als die anderen Fahrgäste, die in der Bahn stehen oder sitzen bleiben. Um aber zu verstehen, wer bei dem Manöver des Fahrgasts schließlich den Gewinn davonträgt, müssen wir auch fragen, wie der Fahrgast seine Bewegung in der Bahn bremst, um sich hinzusetzen – mit anderen Worten, wir müssen die Energiebilanz bis zu dem Zeitpunkt betrachten, in dem der Fahrgast in bezug auf die Bahn wieder zur Ruhe gekommen ist.

In der Tat leisten beide, der Fahrgast und der Motor, zusätzliche Arbeit, während der Fahrgast sich in der anfahrenden Straßenbahn nach vorn beschleunigt. Der Fahrgast erschwert also zunächst dem Motor seine Aufgabe, die Straßenbahn und ihn selbst auf die vorgesehene Geschwindigkeit zu bringen. Um sich später hinzusetzen, muß der Fahrgast jedoch, vom Wagen aus gesehen, wieder langsamer werden, und dabei erleichtert er dem Motor vorübergehend die Arbeit. Führe die Straßenbahn mit konstanter Geschwindigkeit, würden sich die beim Beschleunigen und Verzögern der Relativbewegung zwischen Bahn und Fahrgast getauschten Energiebeträge gegenseitig aufheben. Weil die Bahn aber schneller wird, leistet der Fahrgast beim Abbremsen im Wagen mehr Arbeit an der Bahn, als die Bahn ihm beim Beschleunigen im Wagen von ihrer Motorleistung zusätzlich abgibt. Der Physiker kann befriedigt feststellen, daß der Energiesatz in Ordnung ist. Aber die Bilanz geht zugunsten der Bahn aus: Der Fahrgast, der in einer beschleunigten Bahn nach vorn geht, hilft dem Motor. Wenn die Bahn, zum Beispiel, gleichmäßig mit $1/10$ der Schwerebeschleunigung anfährt, schenkt ein Fahrgast von 75 Kilogramm, der im Wagen 10 Meter nach vorn läuft, der Bahn 750 Wattsekunden, einen Energiebetrag, der für ein paar Sekunden elektrischer Beleuchtung ausreicht. Wer häufig mit der Straßenbahn fährt, steige am besten vorn ein und gehe beim Anfahren nach hinten. Auf diese Weise kann er die Bahn sogar um ein paar hundert Wattsekunden ärmer machen. Diese Energie bewirkt allerdings nur eine geringfügige Erwärmung der Muskulatur und dient nicht zur Stromerzeugung.

Die Leistung des Fahrgasts: Der Fahrgast empfängt zur Beschleunigung seines Körpers vom Wagenboden die Kraft F über den Fuß, der auf dem Wagenboden ruht und sich infolgedessen mit der momentanen Geschwindigkeit U der Straßenbahn bewegt. Er wechselt den Fuß zwar beim Gehen in der Bahn, aber die Geschwindigkeit des Standfußes während des Kontakts mit dem Wagenboden ist stets U, während sich der Schwerpunkt des Fahrgasts zur Zeit t in bezug auf die Bahn mit der Geschwindigkeit v, das heißt, in bezug auf den Gleiskörper mit der Geschwindigkeit $U + v$, bewegt. Es erleichtert die Vorstellung, wenn man sich die Beine des Fahrgastes wie bei gewissen Spielzeugfiguren durch ein Rad ersetzt denkt. Hat der Fahrgast die Masse m, gilt für die Horizontalbewegung seines Schwerpunkts die Newtonsche Bewegungsgleichung

$$m \frac{d}{dt}(U + v) = F.$$

Das Symbol d/dt bedeutet die Ableitung nach der Zeit.

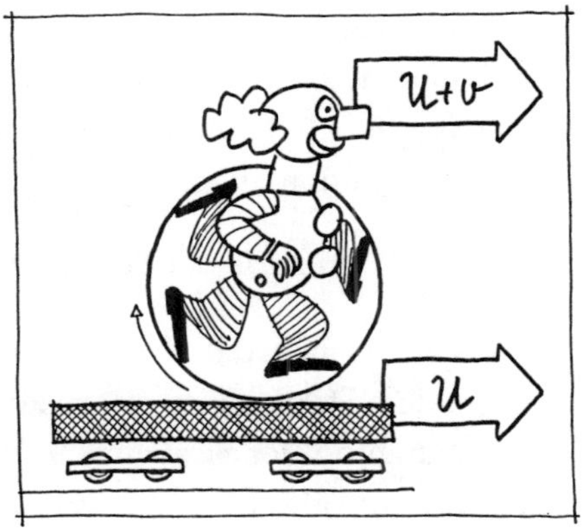

Vom Gleiskörper als Bezugssystem betrachtet, ist die mechanische Leistung (Arbeit pro Zeit) der Straßenbahn an dem Fahrgast das Produkt aus der Kraft F und der Geschwindigkeit U der Straßenbahn. Die Leistung dW/dt, die der Fahrgast selbst mit seiner Muskelkraft erbringen muß, ist die pro Zeiteinheit bewirkte Änderung seiner Bewegungsenergie $m(U+v)^2/2$, vermindert um die von der Straßenbahn gleichzeitig an ihn erbrachte Leistung:

$$\frac{dW}{dt} = \frac{d}{dt}\left[\frac{m}{2}(U+v)^2\right] - FU.$$

Die Straßenbahn hilft also dem Fahrgast, auf die Geschwindigkeit $U+v$ zu kommen. Man erkennt bereits hier, daß die Leistung $-mU dv/dt$ der Bahn zur Beschleunigung des Fahrgasts in der Bahn nach vorn ($dv/dt > 0$) kleiner ist als die entsprechende Leistung des Fahrgasts an die Bahn, während er sich später zum Hinsetzen bremst ($dv/dt < 0$), weil die Geschwindigkeit U der beschleunigten Straßenbahn in der Zwischenzeit angewachsen ist.

Eliminiert man die Kraft F mit der Bewegungsgleichung, erhält man (nach einfacher Umformung) die Leistungsbilanz

$$\frac{dW}{dt} = mv\frac{dU}{dt} + \frac{d}{dt}\left(\frac{m}{2}v^2\right).$$

Die Beiträge zur Leistung durch Hebung und Senkung des Schwerpunkts beim Gehen und durch sonstige Bewegungen der Gliedmaßen des Fahrgasts sind als klein vernachlässigt. Der erste, zur Beschleunigung dU/dt der Bahn proportionale Anteil ist die Leistung, die der Fahrgast auch dann erbringen muß, wenn er in der Bahn mit konstanter Geschwindigkeit v läuft. Der zweite Summand stellt Leistungsaufwand oder -gewinn dar, je nachdem, ob der Fahrgast seinen Gang im Wagen beschleunigt ($dv/dt > 0$) oder verlangsamt ($dv/dt < 0$).

Die Arbeit des Fahrgastes beim Vorwärtsgehen vom Zeitpunkt t_1 unmittelbar nach dem Einsteigen bis zum Zeitpunkt t_2 nach dem Hinsetzen ergibt sich daraus durch Summation (mathematisch gesprochen durch Integration) über die Zeit zwischen den Ruhezuständen am Anfang und am Ende der Bewegung ($v(t_1) = v(t_2) = 0$): $W = m\int_1^2 v dU$.

Beachtet man, daß $ds = vdt$ der in der Zeit dt mit der Geschwindigkeit v in dem Straßenbahnwagen zurückgelegte Weg und $b = dU/dt$ die Beschleunigung der Straßenbahn sind, ergibt sich für die Arbeit des Fahrgastes die gleichwertige Darstellung

$$W = m\int_1^2 b ds.$$

Diese Arbeit ist positiv, diesen Beitrag hat der Fahrgast also immer zu leisten, wenn er im Wagen in Richtung der Beschleunigung der Straßenbahn vorwärts läuft. Ist b während des Manövers konstant, folgt speziell $W = mbs$. Darin ist s der in der Straßenbahn zurückgelegte Gesamtweg. Setzt man für $b = 1\ \mathrm{m/s^2}$ (ein Zehntel der Schwerebeschleunigung) ein, für m = 75 kg (Durchschnittsmasse eines Bundesbürgers) und für die Distanz $s = 10$ m, erhält man die oben berechneten 750 Wattsekunden.

Die Leistung des Motors: Es wäre töricht, den Energiesatz in Frage zu stellen und die analoge Rechnung noch einmal für den Motor zu machen. Nach dem Energiesatz bewirken die Arbeit W des Fahrgasts und die Arbeit W_{Mot} des Motors, von Energieverlusten im System abgesehen, gemeinsam den Zuwachs der Bewegungsenergie der Straßenbahn mit den Fahrgästen. Die Arbeit des Fahrgasts kommt also unter den gegebenen Voraussetzungen vollständig dem Motor zugute. Weil die Geschwindigkeit v des Fahrgasts am Anfang und am Ende seines Manövers 0 ist, läßt sich seine Arbeit (nach partieller Integration) auch durch

$$W = -m\int_1^2 U dv$$

darstellen. Wenn die Bahn und der spezielle Fahrgast zur Anfangszeit beide die Geschwindigkeit U_1 und zur Endzeit die Geschwindigkeit U_2 haben, gilt also

$$W_{Mot} = \frac{M+m}{2}(U_2^{\,2} - U_1^{\,2}) + m\int_1^2 U dv.$$

Für den ersten Summanden hat der Fahrgast bezahlt. Der zweite Summand ist die zusätzliche Arbeit des Motors, mit der er Bewegungen des Fahrgasts unterstützt. Die Beiträge zur Summe sind positiv (Aufwand des Motors), solange sich der Fahrgast nach vorn beschleunigt ($dv > 0$), und negativ (Energiegewinn des Motors), wenn der Fahrgast seinen Gang zum Hinsetzen bremst ($dv < 0$). Weil die Geschwindigkeit U der Bahn beim Anfahren wächst, überwiegen die negativen Beiträge die positiven – zum Vorteil für die Bahn.

Anmerkung: Seitdem ich den Aufsatz verfaßt habe, kann ich nicht mehr unbefangen in die Straßenbahn einsteigen. Muß ich hinten zusteigen, damit mir die Bahn nicht wegfährt, und arbeite mich in der anfahrenden Bahn mühsam nach vorn, fühle ich mich von den Verkehrsbetrieben ausgenutzt. Dabei kann ich mir leicht überlegen, daß der Gewinn der Bahn kaum $\frac{1}{1000}$ Pfennig beträgt und es im übrigen gesund ist, sich ein bißchen anzustrengen.

Widerspenstiger Gartenschlauch

Wer einen großen Garten pflegt und an heißen Sommertagen die lieben Blumen nicht verdursten und die Wiese nicht verbrennen lassen will, braucht einen langen Gartenschlauch. Wohin damit, solange er nicht benutzt wird? Man rollt ihn auf einem Schlauchwagen zusammen. Sechzig Meter Schlauch gehen in mehreren Lagen auf die Trommel. Wenn man später ein kurzes Stück braucht, um nur das nächstgelegene Beet zu wässern, rollt man soviel Schlauch ab wie nötig und läßt den Rest auf der Trommel. Man muß den Schlauchwagen nur noch an die Wasserleitung anschließen und den Wasserhahn aufdrehen, so einfach ist das – denkt man. Aber da ist ein Problem: Oft genug kommt kein Wasser aus der Schlauchdüse, aus der der Strahl sonst, bei ausgelegtem Schlauch, mehr als fünf Meter in die Höhe schießt. Worin besteht denn der Unterschied zwischen einem ausgelegten und einem aufgerollten Schlauch?

Drückt sich etwa der Schlauch beim Aufrollen so platt, daß kein Wasser mehr durch die Röhre geht? Nein! Gartenschläuche guter Qualität behalten einigermaßen ihre Form. Die Sache ist, im wörtlichen wie im übertragenen Sinne, verwickelt. Um das Problem zu lösen, nehmen wir uns zunächst ein einfacheres vor.

Der Knoten in der Schlauchwaage: Man lernt schon in der Schule, daß die Flüssigkeitsspiegel in zwei offenen Gefäßen auf die gleiche Höhe steigen oder sinken, wenn die Gefäße unten durch ein Rohr oder einen Schlauch verbunden sind. Archimedes wußte es bereits vor zweitausend Jahren. Zwar beschrieb er den Wasserspiegel als eine Kugelfläche parallel zur Oberfläche der Erdkugel. Aber deren Krümmung, der reziproke Erdradius, ist so verschwindend klein, daß man sie bei diesem Experiment außer acht lassen und sowohl die Erdoberfläche als auch den Wasserspiegel als eben ansehen darf. In alten Schulbüchern wird der Pegelausgleich in verbundenen Gefäßen das «Gesetz der kommunizierenden Röhren» genannt. Von alters her benutzten es die Maurer und die Zimmerleute bei der sogenannten «Schlauchwaage», um Mauerkronen oder Firstbalken genau waagerecht auszurichten. Jedes Stück Gartenschlauch ist dazu geeignet und ermöglicht es, falls es lang genug ist, sogar weit entfernte Punkte mit großer Genauigkeit auf die gleiche Höhe festzulegen. Die Schlauchwaage ist leicht zu bedienen, wenn zwei Leute die Wasserstände an den beiden Schlauchenden kontrollieren. Man hält das eine Ende an den bekannten Punkt und hebt oder senkt das andere, freie Ende so lange (und gießt nötigenfalls Wasser nach), bis das Wasser auf beiden Seiten am Schlauchende erscheint. Lästig ist dabei die langsame Schwingung des Wassers um die Gleichgewichtslage, deren Periodendauer je nach der Länge des Schlauches bis zu einigen Sekunden betragen kann. Man muß mehrere Nulldurchgänge der Schwingung abwarten, bis die innere Reibung die Flüssigkeit endlich zur Ruhe gebracht hat.

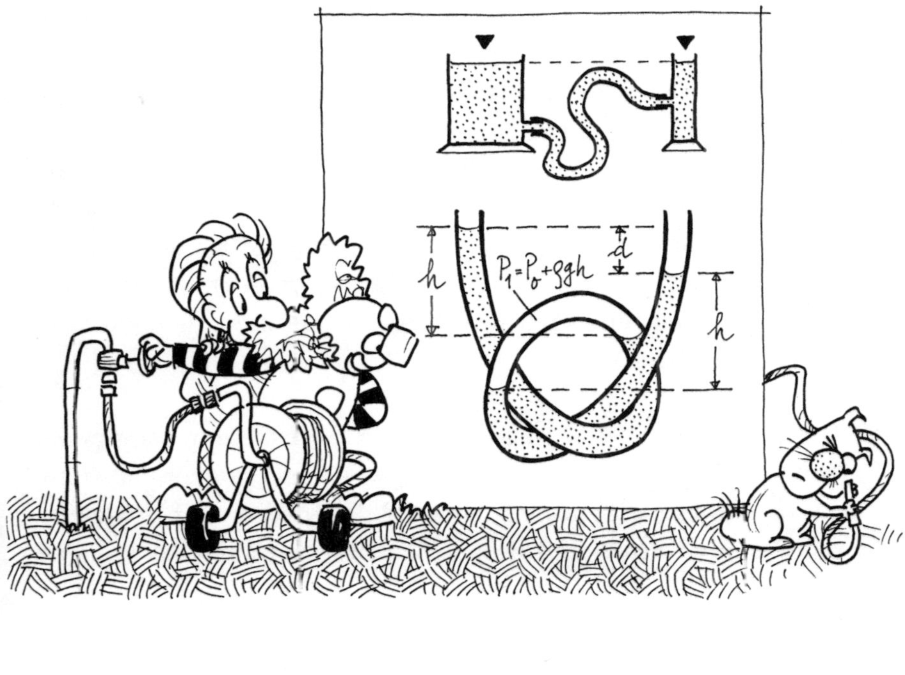

Ein Werkzeug kann so einfach sein, wie es will, man muß es bedienen können. Das gilt auch für die Schlauchwaage. Wenn man aus Versehen einen Knoten in den Schlauch macht, ist der Wasserstand auf beiden Seiten im allgemeinen nicht mehr gleich, und das bedeutet: Das «Gesetz der kommunizierenden Röhren» gilt nicht mehr. Den Grund dafür kann man nicht nur verstehen, sondern sogar sichtbar machen, wenn man einen durchsichtigen Schlauch verwendet. Eine Luftblase schwebt im oberen Bogen des Knotens. Sie wird dort eingeschlossen, wenn man in den (ursprünglich mit Luft gefüllten) Schlauch das Wasser langsam genug oder, wenn es rasch gehen soll, von beiden Seiten gleichzeitig einfüllt. Aus der beobachteten Höhe h der Wassersäulen, die im linken und rechten Schenkel des Schlauches gleich ist, und dem (vom Wetter bestimmten) Außendruck p_0 an den beiden freien Oberflächen läßt sich der Druck p_1 in der Luftblase berechnen. Die Pegeldifferenz d hängt überdies von den Massen der Luftblase und des Wassers in den beiden Schenkeln sowie von der augenblicklichen Form des flexiblen Schlauches ab. Die Druckverteilung im Wasser gehorcht der Hydrostatik, nach deren Gesetz $p_1 = p_0 + \rho g h$ gilt, worin ρ die Dichte des Wassers (ρ = 1 Gramm pro Kubikzentimeter) und g (= 9,8 m/s^2) die Schwerebeschleunigung bedeuten. Der Druck in der Luftblase ist also der Außendruck, vermehrt um das auf der Flächeneinheit lastende Gewicht der «Wassersäule der Höhe h». Dasselbe Gesetz gilt auch für die Luftblase. Da aber die Dichte der Luft rund 700mal kleiner ist als die Dichte des Wassers, fällt die Änderung des Druckes im Bereich der Luftblase überhaupt nicht ins Gewicht, mit anderen Worten: p_1 ist in der Luftblase so gut wie konstant. Um zu zeigen, daß allein die Luft im Knoten an der Ungleichheit der Pegel schuld ist, füllt man den Schlauch einmal ganz mit Wasser (was, zum Beispiel, dadurch geschehen kann, daß man den Schlauch erst füllt und anschließend vorsichtig verknotet). Die mit Wasser gefüllte Schlauchwaage verhält sich, als ob sie gar keinen Knoten hätte.

Die Schlauchrolle: Der aufgewickelte Schlauch bildet genaugenommen eine Schraube, deren Ganghöhe aber so klein ist, daß man die einzelne Windung als «Kreistorus» beschreiben kann (von der Form eines Fahrradschlauchs ohne Ventil). Zur Veran-

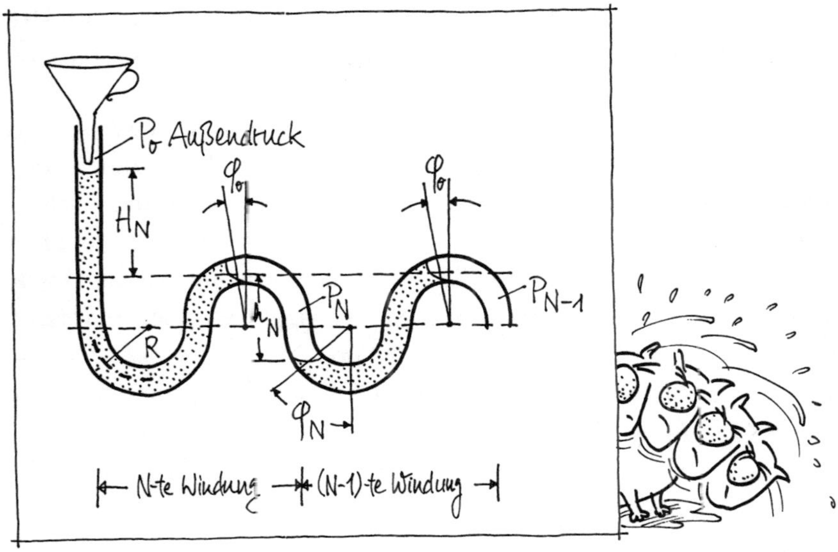

schaulichung dessen, was in den Windungen der Schlauchrolle passiert, denken wir uns jeden Windungskreis in halber Höhe (auf der Höhe der Kreismittelpunkte) mit einem Gelenk versehen, das es erlaubt, den jeweils oberen Halbkreis um 180 Grad herumzuschwenken und die Schraube zu einer Wellenlinie zu strecken. Für die Hydrostatik macht das keinen Unterschied. Um einen definierten Füllzustand im Schlauch herzustellen, lassen wir das Wasser ganz langsam durch den Trichter in das Steigrohr rinnen. Zu Beginn füllt sich der erste untere Schlauchbogen. Der Pegel steigt links und rechts gleich hoch, und der Druck an der Oberfläche ist auf beiden Seiten gleich dem Außendruck p_o (unter Normalbedingungen $p_o = 1$ bar = 1000 hPa). Sobald der Pegel die Paßhöhe des ersten oberen Bogens erreicht hat, beginnt Wasser in den zweiten unteren Schlauchbogen zu rieseln. Dabei bleibt der Wasserstand in den beiden Schenkeln des ersten unteren Bogens vorübergehend konstant. Das ändert sich schlagartig, wenn sich so viel Wasser in dem zweiten unteren Bogen gesammelt hat, daß ein Wasserpfropfen die erste Luftblase einschließt. Von nun an steigt bei weiterer Wasserzufuhr der Pegel im rechten Schenkel des zweiten unteren Bogens höher als im linken. Das Gewicht der Wassersäule muß die Gasblase zusammendrücken – aber um wieviel? Das berechnet man mit dem Gasgesetz von Boyle-Mariotte, nach dem sich im Gas bei konstanter

Temperatur der Druck erhöht, wenn sich das Volumen verringert. Der erhöhte Druck in der Luftblase läßt auch den Pegel im Einfüllrohr entsprechend steigen.

Bei weiterer langsamer Wasserzugabe wird auf diese Weise eine Luftblase nach der anderen eingeschlossen, bei $N + 1$ Windungen der Schlauchrolle insgesamt N Luftblasen, die der Übersichtlichkeit halber vom Auslauf her, in unserer Zeichnung von rechts nach links, numeriert werden ($n = 1, 2, \ldots, N$). Nach der Hydrostatik erhöht sich der Druck von der $(n-1)$ten zur n-ten Blase um $p_n - p_{n-1} = \rho g h_n$. Geometrisch ergibt sich die Höhe $h_n = R(1 + \cos\varphi_n)$, worin R den Radius des Kreisbogens (in der Schlauchachse gemessen) bedeutet. Für unser Experiment gilt $R = 12$ cm. Daraus ergibt sich die Rekursionsformel

$$p_n = p_{n-1} + \rho g R(1 + \cos\varphi_n). \tag{1}$$

Der Druck nimmt also von Blase zu Blase um Beträge zu, die anfangs (für kleine Winkel φ_n) der Höhe einer Wassersäule von nicht viel weniger als dem Durchmesser der Schlauchwindungen entsprechen, mit wachsender Ordnungszahl n der Blasen aber langsam abnehmen. Das Gasgesetz von Boyle und Mariotte, $p_o V_o = p_n V_n$, stellt den Zusammenhang zwischen dem Volumen V_o, das jede der Gasblasen anfangs unter dem Außendruck p_o hat, und ihrem Volumen V_n beim Druck p_n her. Das Volumen eines Schlauchstücks als Kreistorusbogen vom Winkel φ (im Bogenmaß) ist $V = Rq\varphi$ (q ist der Innenquerschnitt des Schlauches). Nach Beobachtungen an dem von uns vermessenen Schlauch von 12 mm Innendurchmesser zeigte sich unter Berücksichtigung der Menisken oben und unten näherungsweise $V_o = Rq\pi$ und $V_n = Rq(\pi + \varphi_o - \varphi_n)$. Der Schätzwert für φ_o ist 0,25 (im Bogenmaß), der einem Winkel von etwa 14 Grad entspricht. Die zweite, aus dem Gasgesetz folgende Gleichung lautet also

$$\varphi_n = \varphi_o + \pi\,(1 - \frac{p_0}{p_n}). \tag{2}$$

Die Gleichungen (2) und (1) lassen sich auf einem kleinen Taschenrechner für p_n und φ_n iterativ lösen, wenn p_{n-1} schon bekannt ist. Man wählt eine Anfangsnäherung für p_n (etwas größer als p_{n-1}) und berechnet dazu mit Gleichung (2) einen Wert für φ_n, der, in Gleichung (1) eingesetzt, einen neuen Näherungswert für p_n liefert usw. Das Iterationsverfahren konvergiert sehr rasch. Von den Ergebnissen sei nur mitgeteilt, daß p_{10} (der Druck in der zehnten Luftblase) schon 1,2 bar beträgt, die Blasen höherer Ordnungszahl also erheblich zusammengedrückt werden. Die Höhe H_N der Wassersäule im Einfüllrohr, das ist die Summe der N Höhen h_n der Wassersäulen in den einzelnen Schlauchwindungen, ergibt sich schon bei $N = 10$ Windungen für unser Experiment zu $H_{10} = 2{,}19$ m. Man versteht also, daß ein ganz aufgewickelter Schlauch mit fünfzig Windungen einen enormen Widerstand darstellt, der nur mit hohem Wasserdruck überwunden werden kann.

Und es strömt doch: Es gibt aber ein einfaches Patentrezept, das Wasser dennoch durch die Schlauchrolle strömen zu lassen. Man kippt den Schlauchwagen auf die Seite. Da liegt er, und – siehe da! – das Wasser läuft. In der Seitenlage schrumpft die Druckhöhe einer Windung so dramatisch, daß selbst hundert Windungen mit Luftblasen keinen bedeutenden Widerstand leisten.

2.
Volkstümlich und nostalgisch

Balanceakt auf zwei Fingern

Ein Experiment am Schreibtisch: Gewiß war ich noch in der Grundschule, so lange muß es her sein, seit ich dieses kleine Experiment zum ersten Mal sah. Ich erinnere mich, daß es einen magischen Reiz auf uns Kinder ausübte, so unerfahren wie wir in physikalischen Dingen waren, und daß wir es oft wiederholten, um die Natur auf die Probe zu stellen. Dieser einfache Versuch, der weder Geschicklichkeit noch Übung voraussetzt und unter wechselnden Bedingungen zuverlässig gelingt, schenkt uns eine der überraschenden Erfahrungen, die die unbelebte Natur für den aufmerksamen Beobachter bereithält.

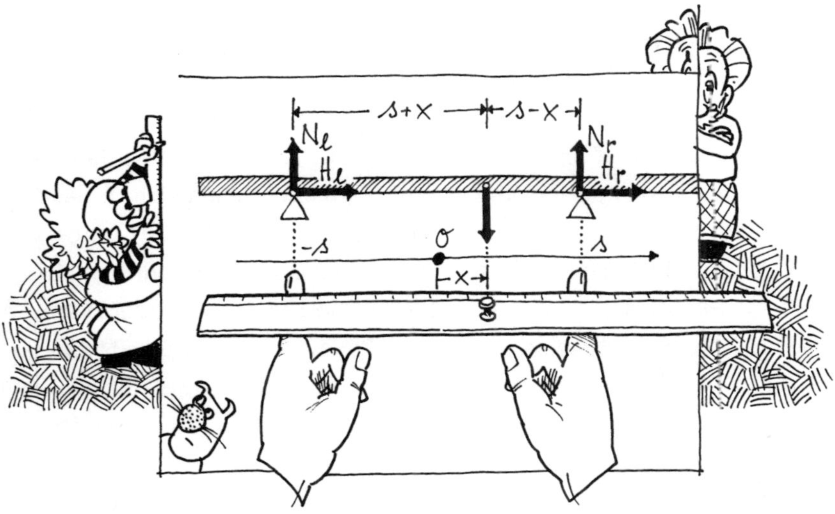

Legen Sie ein Lineal – das längste, das Sie finden können – an beiden Enden auf Ihre vorgestreckten Zeigefinger, und halten Sie es dabei möglichst genau waagerecht. Schieben Sie die Finger langsam und gleichmäßig zusammen, bis sie sich in der Mitte treffen. Was beobachten Sie? Vorausgesetzt, Sie bewegen die Hände nicht zu schnell und nicht ruckweise, wandert das Lineal, je nach Länge mehr oder weniger oft, unregelmäßig hin und her und kommt schließlich mit seiner Mitte zwischen den beiden stützenden Fingern zur Ruhe. Bis zuletzt ist es nie in Gefahr herunterzufallen. Das ist nicht anders, wenn Sie es aus einer unsymmetrischen Anfangslage starten, in der sich zum Beispiel der eine Finger in der Nähe des einen Endes, der andere schon fast in der Mitte des Lineals befindet. Ebenso unerheblich für das Ergebnis ist es, ob das Lineal aus Holz, Metall oder Kunststoff besteht, nur gerade muß es sein. Das Experiment gelingt sogar unter verschärften Bedingungen. Mit zwei Messerschneiden anstelle der Finger lassen sich die Unterstützungspunkte, zwischen denen während des ganzen Versuchs die Mitte des Lineals mit dem Schwerpunkt bleiben muß, bis auf wenige Millimeter nähern. Je geringer der Abstand der Stützpunkte wird, desto schwieriger ist es allerdings, sie genau auf der gleichen Höhe zu halten. Dadurch entsteht die Gefahr, daß das Lineal gegen Ende des Versuchs zur Seite kippt und über die eine Messerschneide abrutscht.

Spiel der Kräfte: Sichtlich haftet das Lineal abwechselnd am linken oder rechten Finger, während es gleichzeitig auf dem anderen Finger gleitet. Die Bewegung wird durch die veränderlichen Kräfte an den Fingern gesteuert, auf denen das Lineal liegt. Die vertikalen Stützkräfte N_ℓ (links) und N_r (rechts) teilen sich in das Gewicht des Lineals, $N_\ell + N_r = mg$, und sorgen dafür, daß das Lineal auf der gewünschten Höhe bleibt. Die Horizontalkräfte H_ℓ (links) und H_r (rechts), je nachdem Haft- oder Reibungskräfte, treiben oder bremsen die Bewegung des Lineals. Nach dem Hebelgesetz stehen die Stützkräfte im umgekehrten Verhältnis der Hebelarme in bezug auf den Schwerpunkt: $N_\ell(s + x) = N_r(s - x)$. Aus den beiden Gleichungen lassen sich die Stützkräfte berechnen: $N_\ell = mg(s - x)/2s$ und $N_r = mg(s + x)/2s$. Je näher der Schwerpunkt an eine Stütze rückt, desto kleiner wird die Stützkraft an der anderen Stütze – darin liegt der Schlüssel zum Verständnis des Problems.

Gleitreibung: Während die Stützkräfte sich aus wohlbegründeten physikalischen Prinzipien ableiten, läßt sich nichts Gleichwertiges über die Größe der Kräfte sagen, die Oberflächen fester Körper aneinander haften lassen oder beim Gleiten von Oberflächen den Reibungswiderstand verursachen. Haft- und Gleitreibungskräfte hängen empfindlich von der Oberflächenbeschaffenheit ab, nicht zuletzt von der Verschmutzung. Leonardo da Vinci soll die Hypothese begründet haben, nach der die Gleitreibungskraft proportional zur Größe der Anpreßkraft (hier der Stützkraft) sowie (als Widerstand) der Bewegung entgegengerichtet ist. Falls das Lineal gleitet, gilt danach für die vom rechten Lager auf das Lineal ausgeübte Gleitreibungskraft $H_r = -\mu N_r$ entsprechend $H_\ell = +\mu N_\ell$ am linken Lager. Nach rechts gerichtete Kräfte sind positiv, linksgerichtete negativ gerechnet. Die eingesetzten Vorzeichen gelten, weil das Lineal zu keiner Zeit einen der Finger überholen kann, von denen der Antrieb seiner Bewegung ausgeht.

Haftgrenze: Wir bewegen die beiden Finger mit konstanten Geschwindigkeiten U bzw. $-U$. Ebensogut kann man den einen Finger ruhig halten und dafür den anderen mit doppelter Geschwindigkeit bewegen. Solange das Lineal an einem der Finger haftet und daher unbeschleunigt ist, steht die Haftkraft an diesem Finger mit der Gleitreibungskraft am anderen Finger im Gleichgewicht. Haftet das Lineal zum Beispiel am linken Zeigefinger, ist die Haftkraft dort H_ℓ $(= -H_r) = \mu mg(s + x)/\ 2s$. Diese Gleichgewichtsbedingung ist nur erfüllbar, wenn das Lineal nicht zu glatt ist, damit die erforderliche Haftkraft von seiner Oberfläche aufgebracht werden kann. Erfahrungsgemäß gibt es eine größtmögliche Haftkraft oder Haftgrenze. Wenn sie (wie die Gleitreibungskraft) zur Anpreßkraft proportional angenommen wird, sind nur Haftkräfte vom Betrag $|H_\ell| < \mu_o N_\ell = \mu_o mg\,(s - x)\,/\,2s$ möglich. Der in der Definition erscheinende Haftungskoeffizient μ_o ist erfahrungsgemäß größer als der Gleitreibungskoeffizient μ. Die Haftkraft kann also größer werden als die Gleitreibungskraft bei der gleichen

Anpreßkraft. Daraus folgt die notwendige Bedingung für das Haften auf der linken Seite

$$\mu(s+x) < \mu_o\,(s-x).$$

Solange das Lineal am linken Zeigefinger haftet, ist $s + x$ konstant, während $s - x$ kleiner wird. Wenn wir annehmen, daß μ und μ_o Konstanten sind, bleibt daher die linke Seite der Ungleichung konstant, während die rechte mit doppelter Geschwindigkeit, $2U$, kleiner wird. Bevor der Schwerpunkt das rechte Lager passieren und $x = s$ erreichen und überschreiten könnte, was den Absturz des Lineals zur Folge hätte, wird deshalb die Haftbedingung links verletzt, das Lineal fängt auch links an zu gleiten und bleibt hinter dem Finger zurück.

Die Wende: Wie steigt das Lineal vom einen zum anderen Finger um? Wegen seiner Trägheit kann es nicht in beliebig kurzer Zeit von der Geschwindigkeit U des linken Lagers auf die Geschwindigkeit $-U$ des rechten gebracht werden (oder umgekehrt). Vielmehr muß die Gleitreibung die Bewegung nach rechts zum Stillstand bringen und das Lineal weiter nach links beschleunigen, bis es das rechte Lager eingeholt hat. Diese Bewegung läßt sich aus der Newtonschen Gleichung bestimmen, nach der die Masse m des Lineals mal seiner Beschleunigung $\ddot{x}$ ($= d^2x/dt^2$) gleich der Summe der Gleitreibungskräfte ist – $m\ddot{x} = \mu\,(N_e - N_r)$ ausgeschrieben, nach Teilung durch die Masse:

$$\ddot{x} + \frac{\mu g}{s}\,x = 0.$$

Die Bewegung beginnt, sobald links das Gleiten begonnen hat, mit der Geschwindigkeit $+U$. Zu dieser Zeit mögen die Finger bei $+s_1$ und $-s_1$ sein, und der Schwerpunkt des Lineals befinde sich bei x_1. Die Gleitphase endet und wird durch die nächste Haftphase abgelöst, sobald das Lineal die Geschwindigkeit $-U$ des rechten Lagers erreicht hat. Die Lösung dieser mathematischen Aufgabe wird dadurch erschwert, daß in der Bewegungsgleichung $s = s_1 - Ut$ und nicht konstant ist. Unter der Näherungsannahme kleiner Geschwindigkeit U bei nicht zu geringer Reibung (Kennzahl $U^2/\mu g s_1$ klein gegen 1) darf in der kurzen Gleitphase die Ortsänderung der Lager vernachlässigt werden. In der Näherung $s = s_1$ konstant wird die Bewegungsgleichung zur einfachen Schwingungsgleichung. Damit liefert sie für die Zeitdauer der Wende $T = 2Us_1/\mu g x_1$. Für angemessene Werte der Parameter findet man für T größenordnungsmäßig eine Zehntelsekunde. Das ist zu kurz, Einzelheiten der Bewegung zu erkennen. Die Verschiebung $S = 2U^2 s_1/\mu g x_1$ des Lagers während des Wendevorgangs ist entsprechend gering, nur wenige Millimeter. Bei kleiner Geschwindigkeit und nicht zu geringer Reibung erscheint die Wende deshalb als sprungartige Geschwindigkeitsänderung.

Ein Reibungsschwinger: Bremsenquietschen, Türenknarren und der Wohlklang der Geige, deren Saiten der Bogen zum Schwingen bringt – diese Erscheinungen und viele andere sind Reibungsschwingungen («stick-slip» motions). Sie entstehen, wenn trockene Oberflächen aufeinander abgleiten oder auch vorübergehend aneinander haften. Das Lineal auf zwei Fingern gehört dazu, aber auch ein verwandter, unschwer nachzubauender Reibungsschwinger.

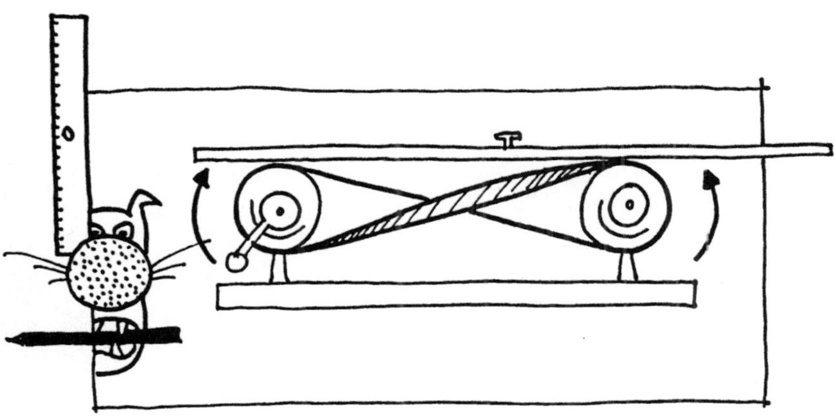

Wie kann man erreichen, daß die beiden Lager sich mit konstanter Geschwindigkeit U nach innen bewegen und doch am gleichen Ort bleiben? Sie meinen, das sei unmöglich? Wir machen es möglich, indem wir die Finger durch zwei Walzen ersetzen, die über einen gekreuzten

Riementrieb gegenläufig so angetrieben werden, daß sie auf der Oberseite nach innen laufen. Wir treiben sie zu so großen Umfangsgeschwindigkeiten U und $-U$ an, daß der auf ihnen liegende rauhe Stab die Walzen nie einholen kann und immer gleitet. Der Stab macht eine Gleitschwingung, deren Amplitude man durch die Anfangsauslenkung einstellt, wenn man den Stab aus der Ruhe startet. Die vorstehende Bewegungsdifferentialgleichung wird in diesem Fall exakt zur einfachen Schwingungsgleichung und die Länge s darin der konstante halbe Abstand der Walzenachsen. Aus der Kreisfrequenz $\omega = \sqrt{\mu g / s}$, deren Quadrat als Faktor in der Gleichung steht, errechnet man die von der Amplitude der Schwingung unabhängige Schwingungsdauer $T = 2\pi \sqrt{s / \mu g}$. Mit den typischen Werten $s = 0{,}5$ m, $\mu = 0{,}2$ und $g = 9{,}81$ m/s^2 findet man, zum Beispiel, $T = 3{,}2$ s, eine recht gemächliche Schwingung. Seien Sie dennoch vorsichtig bei der Bedienung dieses Schwingers! Wenn Sie die Walzen aus Versehen verkehrt herum antreiben, wird der Stab zum Geschoß. Das kann leicht ins Auge gehen.

Die Garnrollenschnecke

Ein nostalgisches Spielzeug: Die «Garnrollenschnecke» (kurz GRS), wie ich sie nach einem vor Jahren käuflichen Spielzeug mit einem gleichartigen Antrieb nennen möchte, ist die einfachste Konstruktion eines Auto-Mobils, die sich ausdenken läßt. Man kann es leicht selbst aus einer hölzernen Garnrolle herstellen, die gleichzeitig Federwelle eines Gummimotors und Antriebsrad des Fahrzeugs ist. Der im Bild erkennbare lange Ausleger, mit dem das feste Ende der Gummifeder verbunden ist, ersetzt das Fahrgestell. Ringsum ist die Garnrolle mit scharfkantigen Kerben versehen, die auf dem Tisch möglichst gut Halt finden sollen. Mit derart griffigem Profil auf der Lauffläche vermag sie sogar über Sofakissen zu klettern, sofern sie nicht besonders steil aufgerichtet sind. Ein Haushaltsgummiring, durch die Bohrung in der Mitte der Spule gezogen, ist das Antriebselement ihres Gummimotors. Zwischen dem Ausleger, der sich am Boden abstützt, und einem kurzen Holzsplint als Anker auf der Gegenseite, der sich mit der Garnrolle mitdreht, wird der Gummiring verwunden und arbeitet dadurch als elastische Torsionsfeder. Der Gegenanker verhält sich, sofern man ihn nicht an der Garnrolle festklebt, wie eine Rutschkupplung, die bei übergroßer Torsion der Gummifeder nachgibt und ihr Zerreißen verhindert. Zwischen dem Ausleger und der Rolle ist eine Scheibe von einer Wachskerze sowohl Scheibe als auch Bremsbelag einer einfachen Scheibenbremse.

Die GRS wird an ihrem seitlichen Ausleger wie ein Uhrwerkspielzeug aufgezogen. Danach läuft sie bis zu drei Metern über einen Tisch

– besser wäre es zu sagen: kriecht –, denn die Geschwindigkeit beträgt nur etwa einen Zentimeter in der Sekunde. Sie ist minutenlang unterwegs, ehe sie zum Stehen kommt. Ihre Langsamkeit ist das Merkwürdige, das es zu verstehen gilt.

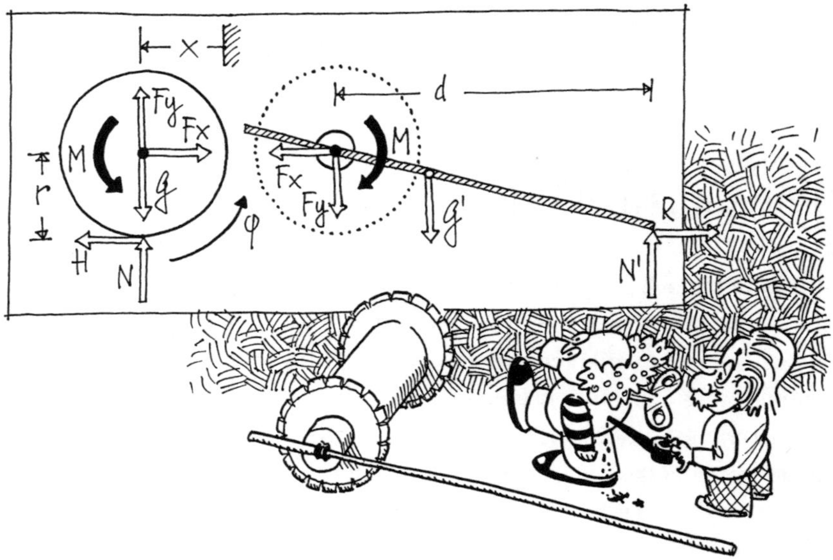

Hemmwerke: Ich habe eine Zeitlang gebraucht, um zu erkennen, daß sich der Antrieb der GRS mit dem einer Spieluhr vergleichen läßt und daß er mit den Uhrwerkmotoren von Spielzeugeisenbahnen und Spielzeugautos aus der ersten Jahrhunderthälfte eng verwandt ist. Alle diese Antriebe speichern ihre Antriebsenergie in einer elastischen Feder aus Gummi oder Stahl, die ihr Drehmoment, in der Regel über eine mehrstufige Übersetzung, an die Antriebswelle abgibt. Ohne besondere Vorkehrungen würde die Feder sich nach Lösen der Bremse impulsiv entspannen, den Mechanismus für kurze Zeit stark beschleunigen und danach gegebenenfalls im Freilauf ausrollen lassen. Ein solcher Antrieb wäre ungeeignet, in einer Spieluhr eine Melodie im richtigen Zeitmaß erklingen zu lassen oder bei den Bewegungen eines Uhrwerkspielzeugs dem Zuschauer die Illusion zu vermitteln, es stelle ein verkleinertes Abbild der Wirklichkeit dar.

Um die Ablaufgeschwindigkeit des Antriebs über möglichst lange Zeit möglichst gleichzuhalten, bedient man sich eines sogenannten Hemmwerks. In Spieluhren findet man dafür einen Windflügelregler, ein sehr rasch umlaufendes Flügelrad, das von der Luft gebremst wird, um so stärker, je rascher es läuft. Die Geschwindigkeitsregulatoren der starken Uhrwerke von Spielzeuglokomotiven waren regelrechte Trommelbremsen, deren Bremsbacken mit wachsender Umdrehungsgeschwindigkeit zunehmend gegen die Bremstrommel gedrückt wurden und daher dem Antriebsmoment ein mit der Fahrzeuggeschwindigkeit wachsendes Reibungsmoment entgegensetzten.

Und so funktioniert die Hemmung: Das Drehmoment der gespannten Feder setzt nicht nur das Fahrzeug und seine beweglichen Teile (zum Beispiel Räder und Zahnräder) in Bewegung, sondern auch das Hemmwerk. Da dessen Reibungsmoment mit der Geschwindigkeit wächst, kommen Antriebsmoment und Reibungsmoment nach kurzer Zeit ins Gleichgewicht. Das Fahrzeug würde anschließend mit konstanter Geschwindigkeit weiterlaufen, verringerte sich nicht durch die Fahrt das Drehmoment der Feder. Die dabei freiwerdende elastische Energie wird nicht in Bewegungsenergie umgesetzt, sondern im Hemmwerk und anderswo in andere Energieformen («Wärme») verwandelt, die niemals vollständig wieder zum Antrieb der Bewegung nutzbar gemacht werden können.

Der Mechanismus: Denken Sie sich die GRS in ihre zwei gegeneinander beweglichen Teile, die Garnrolle und den Ausleger mit der Bremsscheibe, zerlegt. Das Drehmoment M, das auf die Garnrolle wirkt, drückt auf der anderen Seite den Ausleger auf den Boden, ohne den die Feder nicht unter Spannung gehalten werden könnte. Dagegen läßt sich durch eine Überlegung, die ich dem Leser ersparen möchte, mit geringer Mühe einsehen, daß die Wechselwirkungskräfte F_x und F_y zwischen den beiden Teilen des Mechanismus nicht gegen die übrigen an der Garnrolle wirkenden Kräfte ins Gewicht fallen, wenn der Ausleger leicht genug ist. Sie werden unter dieser Voraussetzung vernachlässigt.

Das Antriebsmoment M_A hängt nur von dem Winkel φ ab, um den der Gummi momentan verwunden ist. Ich zähle φ entgegen dem Lauf des Uhrzeigers und nehme an, daß die Gummifeder bei $\varphi = 0$ entspannt ist. Damit der Gummimotor ein Drehmoment $M_A > 0$ entgegen dem Uhrzeigersinn abgeben kann, muß er im Uhrzeigersinn (nach $\varphi < 0$) aufgezogen werden. Bei bewegtem Mechanismus vermindert sich das Antriebsmoment um das der Bewegung entgegengerichtete Reibungsmoment $M_R < 0$, dessen Größe (in Geschwindigkeitsreglern notwendig) mit dem Betrag der Winkelgeschwindigkeit $\dot{\varphi}$ wächst (Punkte über einem Symbol bedeuten Zeitableitungen). Für einen so primitiven Mechanismus wie die GRS, bei der sich manchmal der Gummi in der Spule verknäuelt, manchmal die Bremsscheibe verrutscht, darf man nicht erwarten, daß diese Drehmomente in reproduzierbarer Weise von dem Verwindungswinkel φ bzw. der Winkelgeschwindigkeit $\dot{\varphi}$ abhängen. Unter Zurückstellung solcher Bedenken setze ich voraus, daß sie in ihren Argumenten linear sind: $M_A = -k\varphi$ und $M_R = -c\dot{\varphi}$. Das übertragene Drehmoment ist daher $M = M_A + M_R = -k\varphi - c\dot{\varphi}$. Darin sind k, die Torsionssteifigkeit der Gummifeder, und c, die Dämpfungsgröße des Bremselements, positive Konstanten. Wird die GRS bei negativen Winkeln aus der Ruhe gestartet, bleiben in der folgenden Bewegung dauernd $\varphi < 0$ und $\dot{\varphi} > 0$, weil der Mechanismus so stark gedämpft ist, daß er nicht durch die Lage $\varphi = 0$ hindurchschwingen kann.

Die GRS bewegt sich nur dann vorwärts, wenn der Boden die Haftkraft H aufbringt. Sie verhindert, daß der Motor die Spule auf der Stelle dreht. Das ist bei den Antriebsrädern normaler Fahrzeuge nicht anders. Die Haftkraft H beschleunigt die GRS in x-Richtung (in der Zeichnung nach links). Ist m die Gesamtmasse der GRS, lautet daher ihre Bewegungsgleichung für die Vorwärtsbewegung einfach

$$m\ddot{x} = H\,.$$

Die Drehung der Rolle steht unter dem Einfluß zweier Drehmomente, des schon beschriebenen Moments M und des rücktreibenden Drehmoments der Haftkraft H. Es ist klar, daß die Haftkraft, um den Mechanismus vorwärts zu beschleunigen, die Drehung der Garnrolle verzögern muß. Bezeichnet J_0 das Trägheitsmoment der Garnrolle (seinen Trägheitswiderstand gegen die Winkelbeschleunigung $\ddot{\varphi}$), gehorcht die Drehbewegung der Bewegungsgleichung

$$J_o\ddot{\varphi} = M - Hr\,.$$

Wenn die Garnrolle rollt und nicht rutscht, sind die Geschwindigkeiten $\dot{x}$ der Vorwärtsbewegung und $\dot{\varphi}$ der Drehung durch die «Rollbedingung» $\dot{x} = r\dot{\varphi}$ gekoppelt. Durch Elimination von M, H und x mit seinen Ableitungen aus den bereitgestellten Gleichungen erhält man die Bewegungsgleichung der GRS:

$$J\ddot{\varphi} + c\dot{\varphi} + k\varphi = 0\,.$$

Dabei wurde die Abkürzung $J = J_o + mr^2$ verwendet. Das ist die bekannte Gleichung gedämpfter Schwingungen. Für die GRS ist die Schwingung so stark gedämpft, daß sie, wenn sie zur Zeit $t = 0$ bei vollständig aufgezogenem Gummimotor (in der Anfangslage $\varphi_o = -\alpha$) aus der Ruhe ($\dot{\varphi}_o = 0$) gestartet wurde, nicht oszilliert, sondern langsam in die Lage $\varphi = 0$ zurückkriecht. Praktisch kommt die Bewegung schon vorher zur Ruhe. Die früheren Annahmen über das Drehmoment M treffen dann nicht mehr zu.

Unter Voraussetzung sehr starker Dämpfung (kJ/c^2 sehr klein gegen 1) gewinnt man aus der Bewegungsgleichung unter den beiden Anfangsbedingungen für den Zeitverlauf der Geschwindigkeit $\dot{x} = r\dot{\varphi}$ die Näherungslösung

$$\dot{x} = \frac{kr\alpha}{c}\left(e^{-\frac{k}{c}t} - e^{-\frac{c}{J}t}\right).$$

$\dot{x}$ wächst in einer Zeit der Größenordnung J/c (etwa $1/100$ Sekunde) auf annähernd den Wert $kr\alpha/c$ und klingt danach mit der langen Halbwertszeit $(c/k)\ln 2$ (etwa 50 Sekunden) ab. Der Anlaufvorgang ist so rasch, daß er vom Auge nicht wahrgenommen wird.

Für meine GRS habe ich mit einer empfindlichen Waage und einer Stoppuhr ungefähre Werte der Parameter ermittelt: $k = 2{\cdot}10^{-3}$ Ncm; $c = 0{,}2$ Ncms; $J_0 = 8$ gcm^2; $m = 10$ g; $r = 1{,}5$ cm. Daraus folgen $J = 30$ gcm^2 sowie die Zeitkonstanten $J/c = 1{,}5 \cdot 10^{-3}$ s des Anlaufvorgangs und $c/k = 10^2$ s des Ablaufs. Die Kennzahl $kJ/c^2 = 1{,}5{\cdot}10^{-5}$ ist sehr klein gegen eins und rechtfertigt die Näherungsannahmen überzeugend. Zieht man das Federwerk 30 Umdrehungen auf ($\alpha = 30{\cdot}2\pi$), läuft die GRS theoretisch mit der Geschwindigkeit $\dot{x} = kr\alpha \,/\, c = 2{,}8$ cm/s los, die man auch ungefähr beobachtet.

Ich würde mich freuen, wenn das in früheren Generationen populäre Spielzeug neue Freunde fände. Sollten Sie zum Bau des Spielzeugs im Handel keine hölzerne Garnrolle mehr bekommen, tut es zur Not auch eine aus Plastik.

Die Sozialismus-Maschine

Ein Lastenaufzug: Im Kapitalismus beutet der Mensch den Menschen aus, im Sozialismus ist es umgekehrt – schrieb ein Leipziger Schüler in seinem Deutschaufsatz. Der Wunsch, mühelos nach oben zu kommen und auf Kosten anderer zu leben, ist nur allzu menschlich und wird in jedem politischen System angetroffen, Parteigänger hier – Geschäftemacher dort. Der ideale Tummelplatz für Drückeberger ist überall, wo Leistung sich nicht auszahlt. Der Traum der Müßiggänger und Faulpelze – in unserer Maschine ist er verwirklicht. Nehmen Sie Platz und machen Sie sich's bequem!

Wir brauchen nichts als einen einfachen Lastenaufzug, wie ihn Bauhandwerker verwenden: eine Rolle mit Seil. An den beiden Seilenden bringen wir runde Holzscheiben als Sitze an, auf denen Herr Links und Herr Rechts (so möchte ich sie der Kürze halber nennen) sich niederlassen können. Zuerst muß das Gleichgewicht hergestellt werden, damit das Seil sich nicht zur Seite des Schwereren der beiden hin abwickelt. Das geht sehr einfach mit einem Beutel voll Sand. Sollte doch ein kleiner Gewichtsunterschied zwischen links und rechts geblieben sein – immerhin wiegt ein großes Sandkorn etwa 10 Milligramm – hält ein bißchen Reibung im Lager (die bei der Bewegung überhaupt nicht ins Gewicht fällt) den Ruhezustand aufrecht. Stellen wir uns nun vor, daß die beiden plötzlich auf die Idee kommen, um die Wette am Seil hochzuklettern! Solche Ideen entstehen manchmal aus dem Augenblick, und man weiß nicht, woher sie kommen. Ich habe selbst erlebt, wie eine Gruppe seriöser Professoren, würdige Herren aus Deutschland und Italien, die ein Kongreß in Genua zusammengeführt hatte und die vor dem Abendessen noch ein wenig in den alten Treppenstraßen promenierten, plötzlich wie auf Kommando begannen, um die Wette die Treppen hinaufzustürmen. Nehmen wir also an, Herr Links und Herr Rechts klettern in ähnlicher Weise an ihren Seilenden empor! Wer wird das Rennen gewinnen? Ist es klug, sich anzustrengen, oder kommt man auch mit Nachdenken ans Ziel?

Die Lösung des Mathematikers: Herr Links ist Mathematiker. Er denkt sich ein masseloses Seil und läßt die Rolle zu einem zweidimensionalen Kreis schrumpfen, der das gedachte Seil umlenkt. Die Kraft, mit der Herr Rechts am Seil zieht, um sich nach oben zu beschleunigen, wird durch die Rolle aufs linke Seilstück übertragen. Auch Herr Links wird also, ob er selber klettert oder ruhig sitzen bleibt, ob er will oder nicht, durch die gleiche Kraft nach oben gezogen. Wenn die beiden von derselben Ausgangshöhe starten (was wir voraussetzen), bleiben sie nach den Gesetzen der Mechanik immer auf gleicher Höhe und erreichen zu gleicher Zeit das Ziel. Das Leistungsprinzip gilt hier nicht, denkt Herr Links, Anstrengen lohnt sich nicht; also bleibt er ruhig sitzen. Nachdenken, das Handwerk der Philosophen, ist der rohen Kraft überlegen. Herr Rechts mag sich mühen, so sehr er will, Herr Links kommt mühelos zum Erfolg. Wenn aber auch Herr Rechts nachdenkt und zum gleichen Schluß kommt wie Herr Links, dann bewegt sich gar nichts. Einer wenigstens muß arbeiten, damit beide nach oben kommen.

Die Einwände des Physikers: Auch wenn er in der Wirkung dieselben Voraussetzungen trifft wie der Mathematiker, versteht Herr Rechts, der Physiker, sie anders. Herr Rechts sagt sich, sein Gegenspieler habe, gemessen am Gewicht ihrer Körper, das Gewicht des Seils als unerheblich «vernachlässigt» und aus ähnlichem Grund den Trägheitswiderstand der Rolle weggelassen. Wenn seine Voraussetzungen zutreffen, ist sein Schluß völlig korrekt, meint Herr Rechts, und es lohnt sich gar nicht erst loszuklettern. Wenn aber die Masse des Seils und das Trägheitsmoment der Rolle doch nicht so klein wären, wie Herr Links angenommen hat, könnte das ein Vorteil für Herrn Rechts sein? Herr Rechts denkt nach und kommt zu dem Ergebnis, daß er einen Vorsprung vor Herrn Links gewinnen kann, falls das Seil immer auf beiden Seiten gleich lang bleibt (wie es ist, wenn es unten über eine oder zwei Rollen zurückgeführt wird, also einen geschlossenen Kreis bildet) und wenn er sich mehr anstrengt als Herr Links. Er findet, daß sein Vorsprung um so größer wird, je träger der Mechanismus von Rolle und Seil ist. Das leuchtet ein, denn um voranzukommen, muß Herr Rechts nicht nur sich selbst und Herrn Links, sondern auch noch das Seil und die Rolle in Bewegung setzen. Er kann sich also, sozusagen, daran hochziehen. Erfahrene Physiker prüfen «Grenzfälle», die zwar so extrem sind, daß man sie sich nur ausdenken kann, die aber das Wesentliche zeigen. Wenn der Lastenaufzug «unendlich schwer» wäre (oder – was aufs gleiche hinausläuft – die Rolle arretiert wäre), in diesem Grenzfall bliebe Herr Links auf der Stelle, während Herr Rechts am Seil hochklettert. So extrem liegen die Verhältnisse im allgemeinen nicht, und Herr Rechts muß leider Herrn Links mitschleppen. Sofern der nicht selber klettert, gewinnt er wenigstens einen kleinen Vorsprung. Als Trost bleibt Herr Rechts die Gewißheit, daß er sich beim Klettern Zeit lassen kann. Die Gesetze der Mechanik garantieren ihm, daß sein Vorsprung nur von den Massenverhältnissen und in keiner Weise von der Klettergeschwindigkeit abhängt.

Die Last des schweren Seils: Leider sind Lastenaufzüge selten so aufgebaut, wie Herr Rechts sich das ausgedacht hat. Das Seil hängt im allgemeinen zu beiden Seiten lose herab, und dieser Umstand kann den von Herrn Rechts ausgerechneten Vorteil schnell zunichte machen. Wenn Herr Rechts losklettert, zieht er ein Stück Seil auf seine Seite und bringt damit das System aus dem Gleichgewicht. Die Überlast des Seils auf der rechten Seite (wenn sie auch anfangs nur klein ist) zieht Herrn Rechts nach unten. Zwangsläufig kommt Herr Links nach oben – ein perverses System, in dem die Nichtstuer belohnt und die Fleißigen für ihren Eifer bestraft werden! Herr Rechts kann sich in dieser mißlichen Lage nur noch helfen, indem er klettert, so schnell er kann. Am Anfang hat er nämlich einen kleinen Vorsprung, wenn auch nur von wenigen Prozent, und der Vorsprung geht rasch verloren. Gelingt es ihm aber, mit aller Kraft bis nach oben zu klettern, ehe sich das Blatt wendet, hat Herr Rechts wenigstens die Genugtuung, zuerst am Ziel zu sein, wenn er schon nicht verhindern kann, daß sein Gegenspieler mit Nichtstun fast genausoweit kommt.

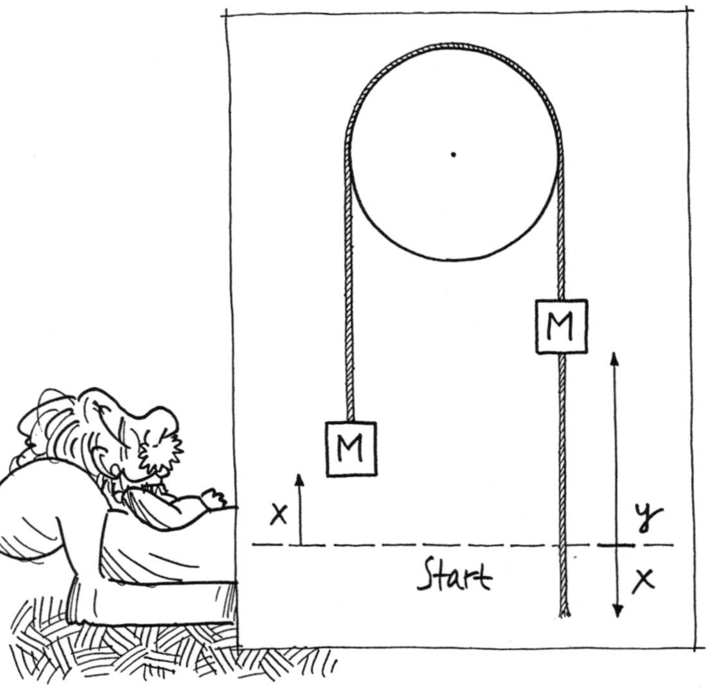

Ein kleines Kapitel Mechanik: Herr Links, fest am Seil, legt vom Start in der Zeit t den Weg x zurück, Herr Rechts, der mit der Geschwindigkeit $U(t)$ am Seil klettert, in der gleichen Zeit den Weg y. Es gilt der Zusammenhang

$$x + y = \int_0^t U(\tau)d\tau. \tag{1}$$

Jeder der beiden Männer hat die Masse M; R und J sind Radius und Trägheitsmoment der Rolle; ℓ und m sind Länge und Masse des Seils. Mit g wird, wie üblich, die Schwerebeschleunigung bezeichnet; übergesetzte Punkte bedeuten Zeitableitungen. Unter der Voraussetzung der Reibungsfreiheit folgt die Bewegungsgleichung des Herrn Links:

$$(2 + \frac{J}{MR^2} + \frac{m}{M})\,\ddot{x} - \frac{2mg}{\ell M}\,x = \dot{U} \tag{2}$$

oder, mit den Abkürzungen

$$\lambda = (2mg\mu / \ell M)^{\frac{1}{2}} \quad \text{und} \quad \mu = (2 + J / MR^2 + m / M)^{-1}, \tag{3}$$

$$\ddot{x} - \lambda^2 x = \mu \dot{U}. \tag{4}$$

Gleichung (4) hat zu den Anfangsbedingungen $x(0) = 0 = \dot{x}(0)$ sowie $U(0) = 0$ die Lösung

$$x(t) = \mu \int_0^t U(\tau)\cosh[\lambda(t-\tau)]\, d\tau, \tag{5}$$

aus der sich nach (1) der Weg $y(t)$ des Herrn Rechts und, vor allem, dessen Vorsprung vor Herrn Links,

$$s(t) = y(t) - x(t) \tag{6}$$

berechnen läßt. Gleichung (5) ist der Schlüssel zu allen Folgerungen des letzten Abschnittes über das schwere Seil. Wir beschränken uns hier darauf, den Fall des geschlossenen Seilrings ausführlich zu diskutieren, der sich formal durch den Grenzübergang $\ell \to \infty$, d.h. $\lambda \to 0$, gewinnen läßt.

$$x(t) = \mu \int_0^t U(\tau)d\tau,$$

$$y(t) = (1-\mu) \int_0^t U(\tau)d\tau, \qquad (7)$$

$$s(t) = (1-2\mu) \int_0^t U(\tau)d\tau.$$

Wie man sieht, ist das Verhältnis des Vorsprungs von Herrn Rechts zu seinem Weg y, $s(t)/y(t) = (1-2\mu)/(1-\mu)$, Gℓ.(8), nur von den Massenverhältnissen abhängig und verschwindet, wenn J/R^2 und m klein gegen M sind ($\mu = \frac{1}{2}$). Das bestätigt die Schlußfolgerung von Herrn Rechts und Herrn Links.

Nachtrag zur «Sozialismus-Maschine»: Falls Sie es noch nicht gemerkt haben, lieber kritischer Leser, geht es Ihnen wie dem Huhn, das nicht zu seinem Futterplatz zurückfindet, weil der direkte Weg durch ein Hindernis verstellt ist. Herr Rechts (der Physiker) kann nämlich – unter der Voraussetzung, daß das Seil schwer und unten offen ist (nicht in sich zurückläuft) – den beanstandeten Nachteil des Mechanismus in einen Vorteil verwandeln. Er muß sich dazu nur ein Stück nach unten abseilen. Danach kann er sich zur Ruhe setzen und genüßlich abwarten, bis das Übergewicht des Seils auf der Gegenseite ihn nach oben trägt, es sei denn, Herr Links (der Mathematiker) merkt rechtzeitig, daß es jetzt ums Ganze geht. Was auch immer Herr Links dann anfängt, er kann Herrn Rechts seinen Vorsprung nur abnehmen, wenn er sich mehr anstrengt als dieser, was dem Leistungsprinzip wieder zu seinem Recht verhilft.

Dieser Aufsatz erschien kurz vor der sogenannten «Wende» als Wiederabdruck in der Zeitschrift «Physik in unserer Zeit», die auch in der ehemaligen DDR verbreitet war. Entsprechend groß war die Zahl der Postkarten von Physiker-Kollegen, die mich um Sonderdrucke baten. Ein Kollege meinte, zu einer wirklichen Sozialismus-Maschine gehöre, daß sie ständig in Reparatur sei. Aber das halte ich für eine böswillige Übertreibung.

Schneller als im freien Fall

Alle Körper fallen gleich schnell: Eine meiner ersten Erfahrungen mit der Physik machte ich als kleiner Junge in der Grundschule. Ich erinnere mich noch lebhaft, daß unser Lehrer sagte: «Alle Körper fallen gleich schnell!» Er zeigte ein silbernes Fünfmarkstück und ein kleines Stück Papier vor, das er aus einem Schulheft gerissen hatte, und ließ beide nebeneinander zu Boden fallen. Natürlich schlug die Münze schon klingend auf dem Fußboden auf, als das Papierchen noch kaum die Hälfte des Weges geflattert war. «Daran ist der Widerstand der Luft schuld», erklärte der Lehrer, «wenn ich ihn wegnehme, fallen beide Körper gleich schnell». Und er legte das Papierchen so auf die Münze, daß es beim Fallen ganz im Windschatten des Metalls lag. Tatsächlich kamen Münze und Papier gleichzeitig am Boden an. Das überzeugte mich.

Über das bescheidene Experiment sollte man sich wundern. Es bringt die merkwürdige Erfahrung ans Licht, daß die «schwere» Masse eines Körpers, vermöge deren die Gravitation der Erdkugel den freien Fall antreibt, zu seiner «trägen» Masse, das heißt ihrem Widerstand gegen Geschwindigkeitsänderung, streng proportional ist. Im geeigneten physikalischen Einheitensystem haben beide sogar die gleiche Maßzahl. Trägheit und Schwere haben also, wie es scheint, einen gemeinsamen Grund. Kein Geringerer als Albert Einstein verallgemeinerte diese Erkenntnis zum «Äquivalenzprinzip» und machte sie zur Grundlage seiner Allgemeinen Relativitätstheorie. Eötvös und andere haben Anfang des Jahrhunderts die Gleichheit von schwerer und träger Masse durch ein Experiment nachgeprüft und im Rahmen der relativen Meßgenauigkeit von 1 zu 100 Millionen keinen Unterschied gefunden. In den letzten Jahren ist das Thema wieder hochaktuell geworden. Eine neue Analyse der Eötvösschen Daten sowie ein astronomischer Test des Äquivalenzprinzips durch eine extrem genaue Vermessung des Erde-Mond-Abstands geben Grund zu der Vermutung, daß sich die Beiträge der schweren und der trägen Masse zur Gravitations-Bindungsenergie unterscheiden, wenn auch um höchstens ein Prozent. Das Rätselraten um die Ursachen der Trägheit geht also weiter.

Fallen schneller als im freien Fall: Diese nach dem Vorstehenden paradox scheinende Überschrift erinnert mich an das Dilemma, in das mich als Schüler ein Notenalbum von Robert Schumann brachte. Nach der Anweisung des Komponisten war ein Satz der Klaviersonate in g-Moll (op.22) «so rasch wie möglich» zu spielen, der folgende Satz trug die Tempobezeichnung «schneller». Ich weiß nicht, wie professionelle Pianisten sich aus dem Widerspruch herausmogeln, ob sie ihn überhaupt bemerken. In der Kunst muß nicht alles logisch geordnet sein, bei einem mechanischen Experiment darf ich den Lesern keine Unmöglichkeit zumuten. Dieser Aufsatz will nicht an den Fundamenten der Physik rütteln, sondern nur zu einem Spiel einladen. Ich behaupte, daß ein bestimmter Körper, den ich ruhend

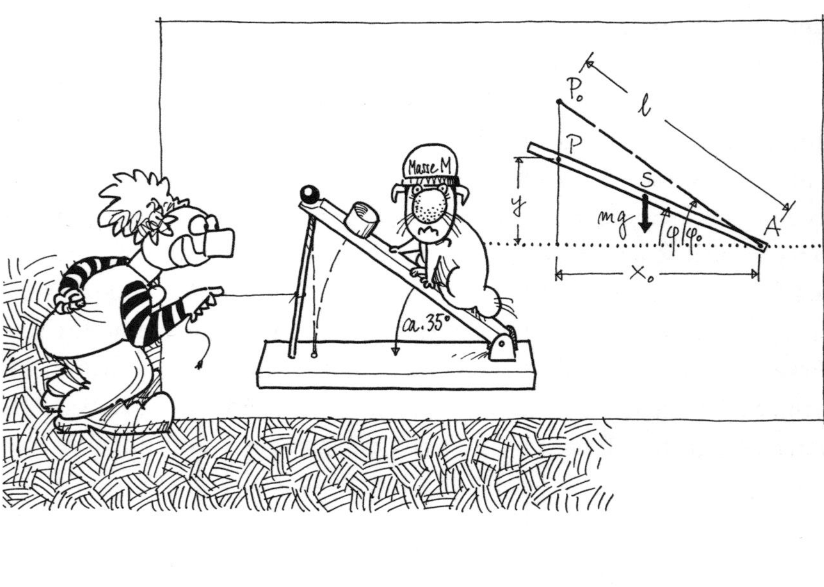

loslasse, sich unter der Wirkung seines Gewichts im Ganzen oder wenigstens zum Teil schneller als im freien Fall nach unten bewegt. Ich behaupte damit selbstverständlich auch, daß ein anderer, gleichzeitig losgelassener Körper im freien Fall hinter dem ersten Körper zurückbleibt. Wenn ich Ihnen eine Wette anböte, würden Sie gegen mich setzen?

Die Fallmaschine: Es wäre eine unfaire Wette, denn eine recht simple Lösung ist als «Fallmaschine» bekannt. Der einfache Mechanismus ist ein Hebel, dessen Bewegung beim Fallen um einen Drehpunkt gelenkt wird. Schwere und Trägheit, deren Einflüsse beim freien Fall zueinander proportional sind, wirken sich auf die Drehbewegung unterschiedlich aus, und zwar durch das Drehmoment, das dem Gewicht und dem Abstand von der Drehachse (dem «Hebelarm») proportional ist, ferner durch das Trägheitsmoment, das die Massenelemente des Hebels mit dem Quadrat ihres Abstandes von der Drehachse wichtet. Die größte Beschleunigung erfährt offensichtlich der äußerste Punkt des Hebels. Sie erreicht ihren größten Wert, und zwar die anderthalbfache Fallbeschleunigung, wenn der Hebel durch die Horizontale geht. Wird der Hebel unter einem Winkel von zum Beispiel 35 Grad gegen die Horizontale losgelassen, ist die Beschleunigung um den Faktor Cosinus des Winkels kleiner, im Beispiel um $\cos 35° \approx 0{,}82$, aber immer noch größer als eins, und sie wächst mit abnehmendem Winkel.

Findige Bastler haben herausgefunden, daß eine Kugel, die man lose in eine kleine, eigens für sie angebrachte Vertiefung am Ende des Hebels legt, genügend weit hinter dem Hebel zurückbleibt. Sie befestigen einen kleinen Becher in dem Punkt des Hebels, der in der horizontalen Lage beim Aufschlag auf den Tisch senkrecht unter die Kugel zu liegen kommt. Das Überraschende geschieht: Die Kugel fällt in den Becher. Das spielt sich im Bruchteil einer Sekunde ab (wenn der Stab nicht mehrere Meter lang ist). Es ist zu empfehlen, etwas unelastisches Material (zum Beispiel Knetmasse) auf den Boden des Bechers zu tun, das den Stoß der Kugel dämpft, damit sie nicht wieder heraushüpft.

Vervollkommnung: Der Vorsprung des Hebels vor der Kugel ist klein. Der Becher darf folglich nicht zu hoch sein, soll die Kugel hineintreffen und nicht über seinen Rand stolpern. Gibt es eine Möglichkeit, den Vorsprung zu vergrößern? Denkt man sich den Hebel über sein Ende hinaus durch einen langen, leichten Zeiger verlängert, kann man mit der Zeigerspitze je nach Länge in Gedanken jede gewünschte Geschwindigkeit erreichen. Es ist leicht einzusehen, daß sich bei der «Fallmaschine» eine ähnliche Wirkung durch Beschwerung erzielen läßt, aber an welcher Stelle und um welche Masse? Jede Zusatzmasse vergrößert nicht nur das Drehmoment der Schwerkraft, sondern auch das Trägheitsmoment des Hebels. Unter allen Verteilungen der gegebenen Zusatzmasse M suchen wir die Verteilung, die dem Hebel die größte Beschleunigung erteilt. Das Ergebnis ist überraschend: Die ganze Masse M muß in einem Punkt konzentriert sein (was sich natürlich nur unvollkommen realisieren läßt). Da das Trägheitsmoment mit wachsendem Abstand vom Drehpunkt rascher anwächst als das Drehmoment, sollte der günstigste Ort zum Anbringen dieser Masse nicht zu weit vom Drehpunkt weg zu suchen sein. Die mathematische Analyse zeigt, daß das Optimum von der Größe der Zusatzmasse abhängt, und zwar im Grenzfall sehr kleiner Zusatzmasse (im Vergleich zur Masse des Hebels) genau um ein Drittel der Stablänge vom Drehpunkt entfernt liegt und mit wachsender Zusatzmasse zum Drehpunkt wandert. Theoretisch sind der Vergrößerung der Beschleunigung keine Grenzen gesetzt, praktisch unter anderem durch die Festigkeit des Hebels, dessen innerer Teil den äußeren antreibt. Dabei können so große Biegemomente auftreten, daß der Hebel bricht. Man kennt die Erscheinung von Sprengungen alter Schornsteine: Das Mauerwerk des fallenden Schornsteins hält den Zugspannungen auf der Vorderseite nicht stand, und der obere Teil des Schornsteins knickt im Sturz nach oben ab. Statt umzukippen, sinkt der Schornstein in sich zusammen. Die Gesetze der Mechanik unterstützen den Sprengmeister in seinem Bemühen, die Trümmer eng zusammenzuhalten.

Das Fallen des Hebels: Ein homogener Hebel der Länge ℓ und der Masse m leistet gegen Drehung um die Drehachse im Punkt A Widerstand durch sein Trägheitsmoment $J = m\ell^2/3$.

Sein Drehimpuls bei der Winkelgeschwindigkeit $\dot{\varphi}$ ist somit $D = m\ell^2\dot{\varphi}/3$ (der übergesetzte Punkt bedeutet die Zeitableitung d/dt). Der Hebel wird angetrieben vom Drehmoment der Gewichtskraft, $G = -(mg\ell\cos\varphi)/\ 2 \approx -\ mg\ell/2$. Darin haben wir uns hier mit der Näherung für kleine Winkel φ zufriedengegeben, in der $\cos\varphi$ durch 1 und $\sin\varphi$ durch φ ersetzt werden dürfen.

Die davon herrührende Ungenauigkeit fällt zwar bei größeren Winkeln wie φ = 35 Grad schon ins Gewicht, ist aber nicht größer als der Schätzfehler beim Freihandversuch. Aus der Drehimpulsbilanz, $\dot{D} = G$, folgt, ebenfalls in der Näherung kleiner Winkel, die Bewegungsgleichung des Hebels,

$$\ddot{\varphi} + \mu\frac{g}{\ell} = 0$$

mit dem «Massenfaktor» $\mu = 3/2$. Die Höhe des Endpunkts P, $y = \ell\sin\varphi \approx \ell\varphi$, der aus der Höhe y_o fällt, ist zur Zeit t:

$$y = y_o - \mu\frac{g}{2}t^2 .$$

Der Punkt P bewegt sich also genähert nach dem Gesetz des freien Falles, aber um den Zahlenfaktor 3/2 schneller. Das macht plausibel, warum es gelingen kann, eine Kugel in einen nicht gar zu hohen Becher fallen zu lassen, der an geeigneter Stelle auf dem Hebel befestigt ist. Die vereinfachte Betrachtung unterschlägt, daß die Punkte des Hebels auf Kreisbahnen um den Drehpunkt A laufen, während die Kugel senkrecht nach unten fällt. Das berücksichtigt man bei der Einrichtung des Bechers auf dem Hebel.

Zusatzmasse: Wir möchten den Hebel durch eine Zusatzmasse M beschleunigen. Wie müssen wir sie optimal auf dem Hebel verteilen? $w(x)$ heiße die gesuchte Verteilungsfunktion, deren Summe (das Integral) über x auf dem Hebel von 0 bis ℓ gleich 1 ist. Das Drehmoment der zusätzlichen Massenverteilung ist $G^+ = -Mgs\cos\varphi \approx -Mgs$, worin s die Koordinate des Schwerpunkts der Verteilung ist:

$$s = \int_0^\ell x w(x) dx .$$

Das zusätzliche Trägheitsmoment hat die Größe $J^+ = M(s^2+\sigma^2)$ mit der «Streuung» σ der Verteilung um ihren Schwerpunkt:

$$\sigma^2 = \int_0^\ell (x-s)^2 w(x) dx.$$

Die Bewegungsgleichung ergibt sich wie im Fall ohne Zusatzmasse aus der Drehimpulsbilanz. Sie unterscheidet sich von der ursprünglichen nur im Massenfaktor

$$\mu = \left(\frac{m}{2M} + \frac{s}{\ell}\right) \left(\frac{m}{3M} + \left(\frac{s}{\ell}\right)^2 + \left(\frac{\sigma}{\ell}\right)^2\right)^{-1},$$

der für verschwindende Zusatzmasse ($M/m \to 0$) den Wert 3/2 annimmt, wie es sein muß. Der Hebel wird am stärksten beschleunigt, wenn μ so groß wie möglich wird. Seinen größten Wert nimmt μ bei beliebigem s für $\sigma = 0$ an, das heißt für eine Punktmasse, deren günstigsten Ort man anschließend (routinemäßig) durch Differentiation der Funktion μ nach s und Nullsetzen der Ableitung findet:

$$\frac{s_{\max}}{\ell} = \frac{m}{2M} \left(-1 + \sqrt{1 + \frac{4}{3}\frac{M}{m}}\right).$$

Für sehr kleine Zusatzmasse ($M \ll m$) folgt durch den Grenzübergang $M/m \to 0$ der Ort $s_{\max}/\ell = \frac{1}{3}$. Bei unbegrenzt wachsender Zusatzmasse wandert die günstigste Lage der Zusatzmasse zum Drehpunkt A (x=0) hin.

Die Leonardo-Brücke

Ein historisches Dokument: Die Idee geht wahrscheinlich auf *Leonardo da Vinci* zurück. In seinem Bewerbungsschreiben an seinen späteren Dienstherrn Ludovico da Sforza empfahl er sich um das Jahr 1483, unter anderem, als Brückenbauer:

> *«...Ich habe eine Anleitung zur Konstruktion sehr leichter und leicht transportabler Brücken, mit denen der Feind verfolgt und in die Flucht geschlagen werden kann, und für andere, festere Brücken, die Feuer und Kampfhandlungen standhalten und bequem gehoben und gesenkt werden können...»*

Entwürfe solcher Brücken von Leonardos eigener Hand sind im *Codex Atlanticus* wiedergegeben, Brücken, die sich aus nichts weiter als rauhen Brettern oder ungehobelten Rundhölzern bauen lassen, weil sich ihr Gefüge bei Belastung durch einen «Selbsthemmungsmechanismus» verfestigt. Der Grundgedanke der Konstruktion ist über 500 Jahre lang bis in unsere Zeit als eine Aufgabe der Unterhaltungsmathematik lebendig geblieben, die ich gern und oft in meinen Vorträgen stelle.

Die Aufgabe: Legen Sie eine größere Anzahl (mindestens sechs) ungehobelter, rauher Bretter auf den (verhältnismäßig glatten) Boden und zeichnen Sie mit Kreide zwei parallele Striche als Uferlinien eines gedachten Flusses. Dann bitten Sie jemanden, aus den Brettern eine freitragende Brücke über das gezeichnete Wasser zu bau-

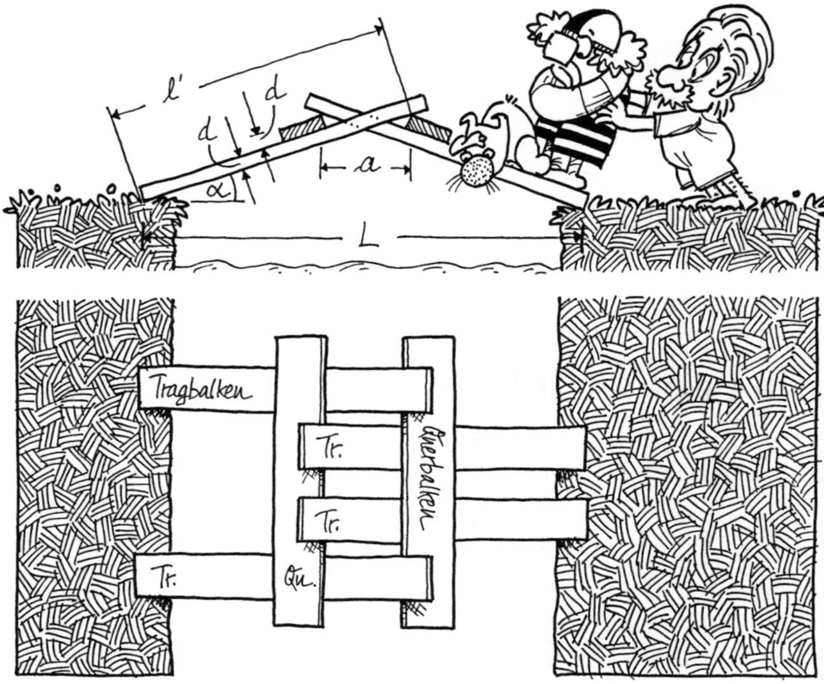

en. Die Bretter (mit einer Länge von, zum Beispiel, ℓ = 60 cm) sind zu kurz, einzeln den Fluß (von z. B. 90 cm Breite) zu überspannen. Dem Brückenbauer fehlen Holzleim und Nägel, um aus mehreren kurzen ein langes Brett zu machen (sonst wäre die Lösung einfach), und er hat weder Werkzeug noch handwerkliches Geschick, das Holz nach Zimmermannsart zu einer Brücke zu verbinden.

Ein naheliegender «Holzweg»: Sooft ich die Aufgabe vor Publikum gestellt habe, versuchte der erste Mutige aus dem Kreis der Zuhörer, die Brücke durch Aufeinanderstapeln der Bretter im freien Vorbau zu errichten. Mancher brachte dabei sogar sein eigenes Gewicht mit auf die Waage. Damit die Bretter nicht schon durch ihr Eigengewicht über die Uferkante in den gedachten Fluß kippen, müssen sie so gestapelt sein, daß der Schwerpunkt des obersten Brettes (seine Mitte) höchstens bis zur Kante des darunterliegenden Brettes vorgeschoben ist, der gemeinsame Schwerpunkt der zwei oberen Bretter höchstens bis zur Kante des dritten Brettes und so fort. Die möglichen Beiträge der Bretter zum Vorbau werden von oben nach unten immer kleiner, in Einheiten der halben Brettlänge, $\ell/2$, gemessen: 1, 1/2, 1/3, 1/4 usw. Nur beim alleruntersten Brett ist auch das Verhältnis Q/G der Beschwerung Q an seinem äußersten Ende zum Brettgewicht G am größtmöglichen Überhang beteiligt. Aus den Bedingungen für das Gleichgewicht der Kräfte und Drehmomente (letzteres gleichbedeutend mit dem Hebelgesetz) für die einzelnen Bretter folgt, daß bei insgesamt n Brettern der Vorbau die Länge

$$s_n = \frac{\ell}{2}\left(1 + \frac{1}{2} + \frac{1}{3} + \ldots + \frac{1}{n-1} + \frac{1+2Q/G}{n+Q/G}\right)$$

nicht überschreiten kann, oder der Bretterturm stürzt ein. Während der Beitrag des n-ten Brettes zum Vorbau mit wachsender Bretterzahl n immer kleiner wird, trägt jedes Brett zur Höhe des Bretterturms den gleichen Beitrag (seine Dicke d) bei. Theoretisch läßt sich der Turm zwar beliebig weit über den Fluß bauen (weil die Summe 1 + 1/2 + 1/3 +..., die sog. harmonische Reihe, unbeschränkt anwächst), aber bei großer Bretterzahl (und zwar für $n > \ell/2d$) wächst der Turm schließlich sogar rascher in die Höhe als in die Breite! Wenn die Brücke nicht nur sich selbst, sondern zusätzlich Passanten als Last tragen soll, muß sie noch steiler gebaut werden. Je kürzer die Bretter sind und je mehr man von ihnen braucht, um den Fluß zu überspannen, aus desto größerer Höhe müßten die Passanten herunterspringen, um aufs andere Ufer zu gelangen. Selbst dann, wenn vom anderen Ufer aus ein gleiches Bauwerk errichtet würde und die beiden Türme in der Mitte zu einem Brükkenbogen zusammenwüchsen, wäre die Konstruktion als Lösung nicht brauchbar. Die zulässige Höchstlast einer Brücke darf nicht von Hilfslasten abhängen, die man an geeigneten Stellen postieren muß. Oder würden Sie (um einen drastischen Vergleich heranzuziehen, falls Sie zufällig Hosenträger benutzen) sich Hosenträger anschaffen, die hinten nicht geknöpft werden, sondern mit einem Gewicht beschwert werden müssen, damit die Hose nicht rutscht?

Die Spannweite der Brücke: Leonardos Lösung war eine Brücke, die Lasten trägt. Im Grundriß erkennt man als wesentliches Konstruktionselement den «Vierlaschenverschluß»: Wer einen Karton durch das Ineinanderstecken der Laschen verschließen kann, besitzt den Schlüssel zur Konstruktion dieses Bauwerks. Wir beschränken uns auf den ersten Bogen, der aus sechs Brettern besteht. Mit je vier weiteren Brettern läßt sich die Brücke um ein Glied verlängern, und zwar so lange, bis die äußeren Bretter zu steil werden und abrutschen. Kennt man die Baulänge ℓ' und die Dicke d der Bretter sowie den Anstellwinkel α der Brücke, kann man schon die Spannweite L des Brückenbogens berechnen.

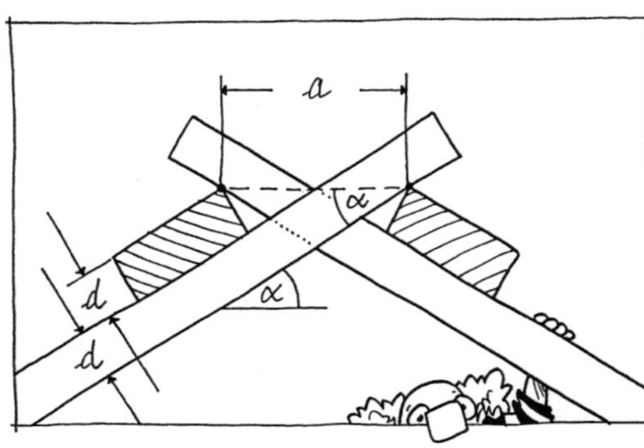

Es kommt nicht auf die wahre Länge ℓ der Bretter an, sondern nur auf den als Baulänge ℓ' bezeichneten tragenden Teil. Um den mit a bezeichneten Abstand zu bestimmen, vergrößern wir die Mitte der Zeichnung heraus. Man liest aus der Figur ab, daß $a = 2d/\sin\alpha$ ist, und kann damit ohne weiteres im Aufriß der Brücke die horizontalen Abstände zur Spannweite zusammenrechnen:

$$L = 2\ell' \cos\alpha - a = 2(\ell' \cos\alpha - \frac{d}{\sin\alpha}).$$

Um die eingangs gestellte Aufgabe zu erfüllen, möchte man die Spannweite so groß wie möglich machen. Dieses Vorhaben hat sowohl mit Geometrie als auch mit Statik zu tun. Die Spannweite L wächst mit dem Winkel α bis zum Maximum bei dem Winkel, für den die Funktion $\sin^3\alpha/\cos\alpha$ den Wert des Dickenverhältnisses d/ℓ' erreicht. Versucht man, die Brücke steiler zu machen, also ihren Anstellwinkel α weiter zu vergrößern, wird die Spannweite wieder kleiner.

Der Zusammenhalt der Brücke: Ob die Brücke bis zur größten Spannweite zusammenhält, hängt von der Haftung der Bretter aneinander ab. Je rauher die Bretter, desto besser für die Festigkeit der Brücke. Um die Haftbedingung zu untersuchen, sehen wir uns die Kräfte an, die auf einen Tragbalken wirken. Wir bauen die Brücke vorsorglich auf dem glatten Boden auf, der der seitlichen Verschiebung der Fußpunkte der Bretter keinen nennenswerten Widerstand entgegensetzt. Unter dieser Voraussetzung ist der Zustand in der Terminologie der Bauingenieure «statisch bestimmt». Dies bedeutet, daß sämtliche Kräfte im Bauwerk aus den Bedingungen für das Gleichgewicht berechnet werden können. Alle Kräfte am Tragbalken

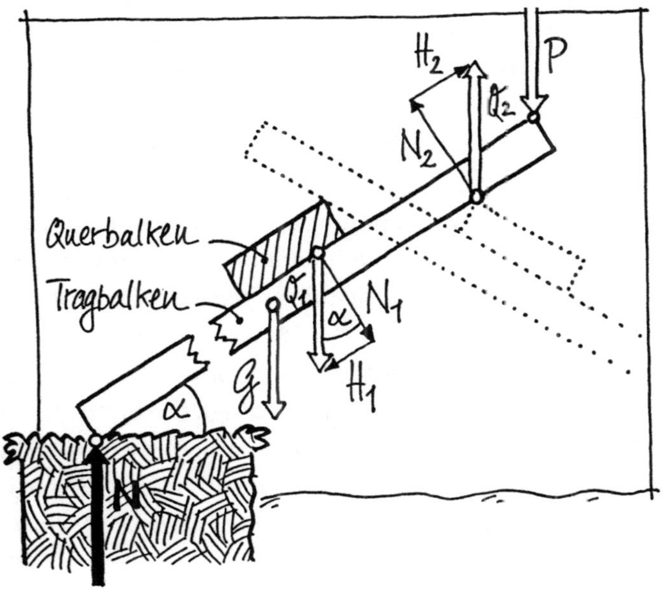

wirken vertikal nach unten oder oben: die Last P (vom Gewicht der Passanten) und das Balkengewicht G, die vom Boden ausgehende Stützkraft N ebenso wie die Kräfte Q_1 und Q_2 der Querbalken auf den Tragbalken. Die Kräfte Q_1 und Q_2 wirken durch ihre Komponenten: die Stützkräfte N_1 bzw. N_2 senkrecht zum Balken (die das Eindringen des Querbalkens in den Tragbalken verhindern) und die Haftkräfte H_1 bzw. H_2 in Balkenrichtung (die dafür sorgen, daß die Querbalken nicht von den Tragbalken abrutschen). Nach der Coulombschen Hypothese, der einfachsten Annahme über die Haftung trockener Oberflächen, die im Rahmen der technischen Mechanik gemacht wird, ist Haftung nur gewährleistet, solange der Betrag der Haftkraft kleiner bleibt als ein bestimmtes Vielfaches der Anpreßkraft:

$|H_1| = |Q_1 \sin\alpha| < \mu_o Q_1 \cos\alpha = \mu_o N_1$ (und ebenso für Q_2). Daraus folgt die Haftbedingung $\tan \alpha < \mu_o$, die eine obere Grenze für die Steilheit der Brücke angibt. Der Haftungsbeiwert μ_o ist eine von der Oberflächenbeschaffenheit der berührenden Körper abhängige Materialkonstante, die um so größer ist, je rauher die Bretter sind. Während die Haftbedingung unabhängig von der Belastung der Brücke ist, wächst die obere Schranke für die Haftkraft, $\mu_o N_1$ (bzw. $\mu_o N_2$), mit der Last an. Anders ausgedrückt: Je stärker die Brücke belastet wird, desto mehr kann sie tragen. Diese Erscheinung heißt «Selbsthemmung». Wenn man mit der Hand auf die Leonardo-Brücke drückt, glaubt man die Verfestigung zu spüren.

Der Spannweite sind also zwei Grenzen gesetzt – eine von der Geometrie, nämlich der größte Wert der Spannweitenfunktion L, und die andere von der Statik: die Haftbedingung. Abhängig vom Dickenverhältnis d/ℓ' und vom Haftungsbeiwert μ_o kann die eine oder die andere Grenze früher erreicht werden und die Spannweite begrenzen. Bei der von uns gebauten Brücke mit Brettern der Dicke $d = 1$ cm und der Länge $\ell = 60$ cm, von der wir $\ell' = 58$ cm zum Bau verwendet haben, liegt die geometrisch bedingte größte Spannweite von 104 cm bei $\alpha = 14{,}80°$, was den Abstand a = 7,8 cm bedingt. Die Bretter sind so rauh, daß die Brücke noch bei a = 5 cm (entsprechend $\alpha = 23{,}6°$) hält, wofür sich ihre Spannweite auf 101 cm verringert hat. Der Haftungskoeffizient μ_o hat also für diese Bretter mindestens den Wert $\tan 23{,}6° = 0{,}44$. Im allgemeinen ist er wesentlich kleiner.

Die Spannweite der Bretterbrücke läßt sich außer durch Vergrößerung des Anstellwinkels α (bis zum Maximum) auch durch Anbau weiterer Brückenglieder vergrößern. Die gleichen Voraussetzungen wie beim Einzelglied (an allen Enden gleicher Überstand $f = \ell - \ell'$ der Bretter bei der Brettlänge ℓ und der Baulänge ℓ') legen auch die Spannweiten mehrgliedriger Brücken als Funktion des Winkels α fest. Die zweigliedrige Brücke in Leonardos Bauweise aus 10 Brettern hat danach die Spannweite

$$L_2 = \ell'(1 + 2\cos(2\alpha)) - 4d\cot\alpha - f.$$

Das Maximum der Spannweite beträgt (mit $\ell' = 58$ cm, $f = 2$ cm und $d = 1$ cm) $L_2 = 143{,}2$ cm bei dem Anstellwinkel $2\alpha = 24{,}2°$.

Die Festigkeit der Brücke: Da die Leonardo-Brücke bei Belastung fester wird, drängt sich die Frage auf, welche Last sie denn wirklich trägt. Man kann sie ja sogar aus Streichhölzern bauen, wenn man geschickte Finger hat, nur – eine Streichholzbrücke hält nicht viel aus. Bei Belastung biegen sich die Bretter und können bei großen Lasten brechen. Bei der technischen Auslegung der Brücke muß die Biegung der Bretter berücksichtigt werden. Davon hier nur soviel: Für eine gegebene Last muß man die Bretter der Brücke etwa so stark machen wie ein einzelnes Brett, das die Spannweite überbrückt.

Auf einem von der Landesregierung veranstalteten Volksfest bauten wir als Spielobjekt für Kinder eine mehrgliedrige begehbare Leonardobrücke. Sie bestand aus 18 kräftigen Brettern von 1,35 Meter Länge, jedes 4,2 Kilo schwer, und konnte nach unseren Berechnungen 60 Kilo tragen. Tausende von Kindern stiegen an einem Tag über unsere Brücke, zuerst zögernd, aber bald übermütig hopsend. Mit Bedenken ließen wir auch manchen 100 Kilo schweren Vater mit seinem Nachwuchs passieren. Größere Sorge machte uns, daß die lose aufeinanderliegenden Bretter sich beim Springen der Kinder lockerten. Oft genug mußten wir sie schleunigst in Sicherheit bringen, bevor unser gewichtiges Bauwerk einstürzte.

Der einfachste Kreisel der Welt

Eine Kreiseldemonstration: Als ich meine Vorführung ankündigte, hatte ich mich auf Zehn- bis Zwölfjährige eingestellt, denen man etwas von der Präzession eines Spielkreisels erzählen und vielleicht sogar die Reibungskräfte am Boden erklären kann, die den Kreisel zwingen, sich aufzurichten, bis er «schläft», das heißt sich aufrecht um die eigene Achse dreht. Jetzt hockten Winzlinge im Alter von Schulanfängern vor mir im Halbrund um den Tisch, auf dem ich meine bunten Kreisel ausgebreitet hatte, und folgten mit großen Augen meinen Vorbereitungen. Würde ich diesen Knirpsen das Wunder begreiflich machen können, das einen Kreisel auf seiner Spitze stehen läßt, wenn er sich nur rasch genug um sich selbst dreht?

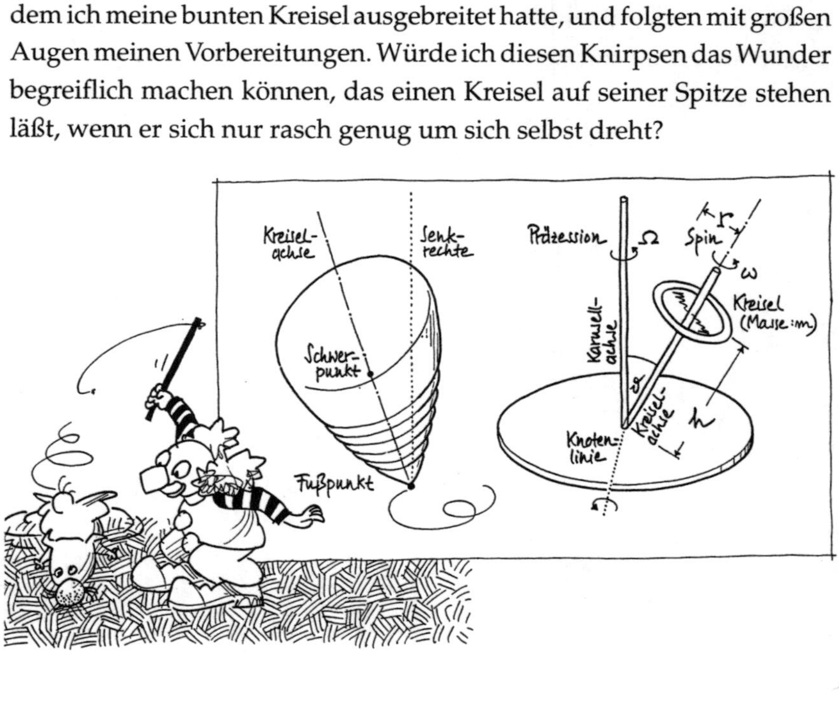

Um einen Anfang zu machen, griff ich meinen großen roten Peitschenkreisel, der so dick und schwer ist, wie die Kinder vielleicht noch keinen gesehen hatten, und stellte ihn vor ihren Augen auf seine abgerundete Stahlspitze. Als ich ihn losließ, fiel er um, und niemand hatte etwas anderes erwartet. Nach dieser Einstimmung nahm ich die große Kreiselpeitsche, wickelte die Schnur um den dicken Bauch des Kreisels und warf den Kreisel aus. Ich war froh, daß der schwere Kreisel gleich beim ersten Versuch in Gang kam, peitschte ihn zur allgemeinen Freude noch ein paarmal und ließ die Schnur dabei knallen, bis er mir schnell genug schien, und überließ ihn dann sich selbst. Der Kreisel wanderte eine Weile über den glatten Boden, ehe er sich entschloß, an einem Ort zu bleiben, während seine Achse einen auf der Spitze stehenden Kegel in den Raum zeichnete: der Kreisel «präzedierte». Zusehends richtete sich die Kreiselachse auf. «Jetzt steht er ohne meine Hilfe», sagte ich herausfordernd, «wer hält ihn denn jetzt fest?» Fünfzig Augenpaare fixierten den Kreisel mit großer Aufmerksamkeit, während er eine ganze Minute lang schlief oder gar zwei. Er lief so rund, daß man kaum sehen konnte, wie er sich bewegte. Ich fürchtete schon, die Geduld meiner kleinen Zuschauer würde abreißen. Endlich fing der Kreisel an zu taumeln, seine Schwankungen wurden größer und größer, bis er wie in einem letzten Todeskampf umfiel, rollte und liegenblieb. «Was war das?» fragte ich in die Runde. Kleine Hände schnellten hoch wie in der Schule, und aus einem der Buben sprudelte es hervor: «Vielleicht war's ihm schwindlig» – ein bezauberndes Kinderbild für das Instabilwerden der Gleichgewichtslage eines Kreisels, den die Bohrreibung bis zum Umfallen abgebremst hat.

Der Spitzentanz des Kreisels: Wieso kann ein drehender Kreisel aufrecht stehen, ein ruhender nicht? Was ist Besonderes daran, daß die Masseteilchen eines schlafenden Kreisels bei der Drehung reihum ihre Plätze im Raume tauschen? Der große Isaac Newton hat schon vor 300 Jahren mit seinem berühmten Eimerversuch demonstriert, daß die Drehung gegen den «absoluten Raum», wie es Newton nicht ohne Skepsis formulierte, oder gegen die fernen Massen des Universums (wenn man das Berkeley-Machsche Prinzip postuliert) «Trägheitskräfte» weckt.

Wir studieren im folgenden die Kräfte, die bei einer der einfachsten Kreiselbewegungen, der stationären (zeitunabhängigen) Präzession, beim allereinfachsten der Kreisel auftreten, der nur aus einem Ring besteht. Das ist, sozusagen, ein theoretischer Kreisel; wir müssen uns Speichen und die Achse dazudenken, um einen spielbaren Kreisel daraus zu machen. Anschließend werden wir überlegen, wie gut man ihn realisieren, zum Beispiel einen ähnlichen Kreisel aus einem Stück kräftigen Drahtes zurechtbiegen kann. Der Spezialfall ist gleichzeitig der allgemeine Fall, denn jeder beliebige kreissymmetrische Kreisel läßt sich aus lauter Kreisringen zusammensetzen.

Die stationäre Präzession ist die Überlagerung zweier Drehungen: der «Präzession» genannten Karusselldrehung der Kreiselachse mit der Winkelgeschwindigkeit Ω (Dimension: Einheitskreisbogen pro Zeiteinheit) um die senkrechte «Karussellachse» und der Eigendrehung (dem Spin) des Kreisels mit der Winkelgeschwindigkeit ω um die um ϑ geneigte Kreiselachse. Wir setzen uns in Gedanken auf das Karussell mit der Folge, daß der Kreisel sich für uns auf der Stelle dreht. Vom Karussell aus betrachtet, erfahren die einzelnen Massenelemente des Ringes außer der nach unten gerichteten Gewichtskraft vom Betrag mg (m: Masse des Kreisels, g: Schwerebeschleunigung), die von der Karussellachse nach außen gerichtete Zentrifugalkraft, die der Masse, dem Abstand von der Achse und dem Quadrat der Winkelgeschwindigkeit Ω proportional ist. Sie ist die Kraft, die in Newtons rotierendem Eimer die Flüssigkeitsoberfläche zum Rande hin hochwölbt. Da sich der Kreisel auf einem drehenden Karussell dreht, kommt eine weitere Kraft hinzu, die Corioliskraft, die ebenfalls der Masse und der Winkelgeschwindigkeit Ω proportional ist, darüber hinaus dem Zweifachen der «Relativgeschwindigkeit» $v = \omega r$ der Massenelemente des Rings. Sie wirkt senkrecht sowohl zur Karussellachse als auch zur Richtung der Relativgeschwindigkeit des Massenelements. Man kann diese Kraft spüren, wenn man zum Beispiel, auf einem rotierenden Drehstuhl sitzend, einen gewichtigen Gegenstand rasch nach außen stößt: die Hand wird zur Seite abgelenkt, je nach der Drehrichtung des Drehstuhls nach rechts oder nach links.

Da wir nur wissen wollen, ob der Kreisel stehen bleibt oder umfällt, genügt es, die resultierenden Drehmomente der drei Kräfte in bezug auf den Fußpunkt des Kreisels zu berechnen. Die geradlinige

Rechnung, die wir dem Leser ersparen, liefert ausnahmslos Drehmomente, die um die sogenannte Knotenlinie senkrecht zur Karussellachse und zur Kreiselachse wirken und bei positivem Zahlenwert den Kreisel aufzurichten (ϑ zu verkleinern) suchen, bei negativem Zahlenwert das Umgekehrte:

das Gewichtsmoment	$M_G = -mgh \sin\vartheta,$
das Zentrifugalmoment	$M_Z = m(\frac{r^2}{2} - h^2)\,\Omega^2 \sin\vartheta \cos\vartheta,$
das Coriolismoment	$M_C = mr^2\omega\Omega\sin\vartheta.$

Da die Präzession zur Drehung um die Kreiselachse die Komponente $\Omega\cos\vartheta$ beisteuert, führt man statt ω in M_C die Winkelgeschwindigkeit $\gamma = \omega + \Omega\cos\vartheta$ ein. Man erkennt an den Vorzeichen der Momente, daß das Gewichtsmoment selbstverständlich den Kreisel umzuwerfen sucht, während das Coriolismoment ihn aufrichten möchte, sofern ω und Ω gleichgerichtet sind. Auch das erscheint selbstverständlich, weil nur das Coriolismoment von der Eigendrehung des Kreisels abhängt. Bei stationärer Präzession geben die drei Drehmomente in der Summe null. Nehmen wir vorläufig $\vartheta \neq 0$ an, gilt

$$r^2\gamma\,\Omega - (\frac{r^2}{2} + h^2)\,\Omega^2 \cos\vartheta - gh = 0.$$

Aus dieser quadratischen Gleichung für Ω kann man ausrechnen, mit welcher Winkelgeschwindigkeit Ω der Kreisel präzediert, wenn er mit der Winkelgeschwindigkeit γ unter dem Winkel ϑ gestartet wird. Mit den Abkürzungen $C = mr^2$ und $A = m(r^2/2 + h^2)$ für die Trägheitsmomente um den Fußpunkt findet man die Formel

$$\Omega = \frac{C\gamma}{2A\cos\vartheta}\left(1 \pm \sqrt{1 - \frac{4mghA\cos\vartheta}{C^2\gamma^2}}\right),$$

die sogar für alle symmetrischen Kreisel gültig ist. Das untere Vorzeichen gilt für die langsame Präzession, die im allgemeinen beobachtet wird. Die Formel kann nicht das Aufrichten des Kreisels beschreiben. Man erkennt aber, daß das Schlafen des Kreisels ($\vartheta = 0$) nur für hinreichend große Winkelgeschwindigkeit

$$\gamma > \frac{2}{C}\sqrt{mghA}$$

möglich ist. Wenn die Reibungskräfte, die in dieser Betrachtung nicht berücksichtigt sind, den Kreisel bis zu dieser Grenze abgebremst haben, muß er instabil werden und zu taumeln anfangen.

Der Kreisel des Professors Sakai: Wir kommen zurück auf die Frage: Läßt sich ein Kreisel aus Draht biegen, der im wesentlichen ein Kreisring ist? Im Gegensatz zu seinem «theoretischen» Pendant braucht ein praktikabler Kreisel eine zentrale Welle und wenigstens zwei Speichen, die Ring und Welle verbinden. Hinter der Aufgabe, einen solchen Kreisel aus einem einzigen Stück Draht zu biegen, verbirgt sich das topologische Problem, die Figur des Kreisels in einem Zug zu zeichnen.

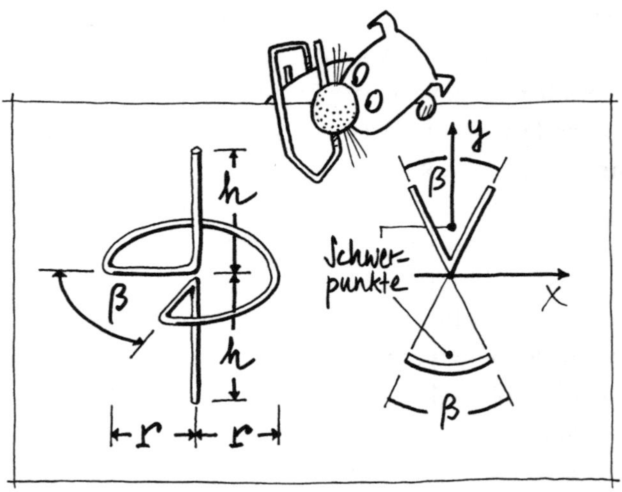

Mein japanischer Kollege Professor Sakai hat sich eine pfiffige Ersatzlösung einfallen lassen: Er läßt die beiden Speichen den Winkel β einschließen, für den der Massenmittelpunkt des Kreisels wie für einen Kreisring auf der Kreiselachse liegt. Der Sakai-Kreisel läuft daher vorzüglich. Bei schnellem Lauf sieht man nur die Welle und den Kreisring scharf, während die Speichen vor dem Auge verschwimmen. Da ein Stück Kreisbogen durch zwei Speichen ersetzt wurde, die den Winkel β einschließen, müssen sich die Abstände der Schwerpunkte des Kreisbogens und des Stabzweischlags umgekehrt wie ihre Massen verhalten, was für $\tan(\beta/2) = 1/2$ eintritt. Die Ausrechnung ergibt $\beta = 53{,}13°$. Bei der praktischen Herstellung des Kreisels biegt man nach unserer Erfahrung den Winkel etwas kleiner, weil der Krümmungsradius an den Knicken des Drahtes nicht beliebig klein gemacht werden kann, der Winkel β aber unter der Voraussetzung scharfer Knicke berechnet wurde.

In einer physikalischen Eigenschaft unterscheidet sich der Sakai-Kreisel grundlegend von dem Kreisring: Er ist ein unsymmetrischer Kreisel und kann möglicherweise für solche Maßverhältnisse instabil werden, für die die Kreiselwelle die Hauptträgheitsachse zum mittleren Trägheitsmoment wird. Dieser Fall tritt theoretisch ein, wenn das Verhältnis der halben Länge h zum Radius r des Kreisels in dem folgenden Bereich liegt: $1{,}61 < h / r < 1{,}69$. Praktische Bedeutung hat dieser schmale Instabilitätsbereich nicht, weil für große Verhältnisse von $h{:}r$, für lange Kreisel, auch symmetrische Kreisel nur bei so großen Winkelgeschwindigkeiten stabil laufen, daß man sie kaum aus freier Hand in Gang setzen kann.

Der Büroklammer-Kreisel: Wer einen Sakai-Kreisel aus freier Hand biegen will, merkt schnell, daß man die Mitte nur angenähert findet und selbst mit Hilfe einer Zange keine scharfen Ecken formen kann. Aber so genau kommt es darauf nicht an, denn auch nicht perfekte Sakai-Kreisel laufen vorzüglich. Sogar winzige Exemplare, die man sich in Minutenschnelle mit einer schlanken Zange aus einer mittelgroßen Büroklammer biegt, laufen eine halbe Minute lang – eine Anregung für schöpferische Atempausen in einem ermüdenden Büroalltag.

Stumme Kaiserglocke

Eine Glocke aus Kanonen: Als der Kölner Dom nach 1870 seiner Fertigstellung entgegenwuchs, wurde der Wunsch laut, dem mächtigen Kirchenbau ein ebenso gewaltiges Geläut zu geben. Die neue Glocke sollte größer sein als alle Glocken Europas, größer als die, die in Lissabon oder Wien, London oder Mailand geläutet wurden (um nur die größten zu nennen), ihr Ton C tiefer als die Bässe der schwersten Glocken Deutschlands in Erfurt und Wien. Sie sollte 500 Zentner wiegen, angeblich zu den 500 Fuß hohen Domtürmen passend (aber wohl eher ein Zugeständnis an die willkürlichen Maßeinheiten Fuß und Zentner!) – mit einem Wort ein Superlativ, der weniger vom lieben Gott als von deutscher Größe künden sollte. Allerdings würde sie kaum gegen die schon 350 Jahre alte und 4320 Zentner schwere und zwei große Dampflokomotiven aufwiegende Glocke im Kreml ins Gewicht fallen, die sich beim Brand von Moskau in die Erde gebohrt hatte und seitdem für immer verstummt war.

Der Zeitpunkt war günstig, da die siegreiche Armee im Deutsch-Französischen Krieg 1870/71 zahlreiche Geschütze vom Feind erbeutet hatte, die im übrigen selbst überwiegend aus Kirchenglocken gegossen worden waren. Seine Majestät Kaiser Wilhelm I. geruhten dem Immediat-Gesuch des Central-Dombau-Vereins zu Cöln zu entsprechen und stellten zur Vollendung des Kölner Doms als «Denkmal deutscher Kraft, Frömmigkeit und Eintracht» 22 Kanonenrohre und einen Anteil Bronzebruch aus dem Artillerie-Depot Straßburg unentgeltlich zur Verfügung, während sich der Central-Dombau-Verein verpflichtete, die

Transportkosten zu übernehmen. Die Ausschreibung des Gusses gewann, gegen große Konkurrenz und Zahlung einer Kaution von über 3000 Talern (die damals ein kleines Vermögen bedeuteten), der Glokkengießermeister Andreas Hamm aus Frankenthal in der Pfalz, der sich nachher am Guß und an der «Läutbarmachung» der Riesenglocke geschäftlich nahezu ruinierte .

In Deutschland war nie eine so große Glocke gegossen worden. Die ersten beiden Gußversuche mißlangen oder fanden keine Gnade bei den musikalischen Sachverständigen. Erst der dritte Guß, am 3. Oktober 1874, war leidlich erfolgreich. Die Glocke von 27,075 Tonnen Gewicht war frei von Gußfehlern, ihr Ton aber nach dem Urteil der Sachverständigen nicht C, sondern ein unreines Cis, von dem sie mit den Tönen G und A der mittelalterlichen Glocken Pretiosa und Speciosa keinen harmonischen Zusammenklang erwarteten. Der Central-Dombau-Verein machte deshalb seine Entscheidung vom Erfolg des Probeläutens im Dom abhängig. Zu diesem Zweck wurde die Glocke im Frühjahr 1875 nach Köln verschifft und neben den beiden alten Glocken mit einem Eisenjoch auf einem hölzernen Glockenstuhl von 6 Metern Höhe im ersten Obergeschoß des Südturms aufgehängt.

Die Stumme zu Köln: Das erste Probeläuten am 20. August wurde zur tragikomischen Sensation. Die Musiksachverständigen, die sich voller Erwartung um den provisorischen Glockenstuhl geschart hatten, sahen zu, wie die Glocke höher und höher schwang. Sie hörten aus nächster Nähe den schweren Atem der 28 Männer, die den Koloß am Glockenseil über ein Hebelwerk zum Schwingen brachten. Sie vernahmen auch das Ächzen der Balken unter der hin und her schwingenden Last. Aber die Glocke gab keinen Ton von sich. Augenzeugen berichteten, der Klöppel habe «reglos in der Glocke verharrt», was heißen sollte, daß er mit ihr mitschwang wie angeschmiedet. Auch Versuche, das Glockenseil der «größten schwingenden Glocke der Welt» ruckweise zu ziehen, waren nicht erfolgreich. Dabei schlug der Klöppel nur einseitig gegen die Glockenwand, zu schwach, der Glocke einen kräftigen Ton zu entlocken. Die Aufteilung der Läutemannschaften im Verhältnis 1:2 und zweiseitiges Läuten führten ebenfalls nicht zum Erfolg.

Die Öffentlichkeit nahm Anteil an dem Mißgeschick, und die Tagespresse im In- und Ausland berichtete darüber oft mit Anteilnahme, oft mit Schadenfreude. Ingenieure, Mathematiker und aufgeklärte Laien analysierten den Notstand und reichten Vorschläge zu seiner Behebung bei der Dombauverwaltung ein. Diese aber ließ sich nicht auf theoretische Erörterungen ein, sondern verlangte vom Glokkengießer Andreas Hamm, auf seine Kosten einen zweiten und danach noch einen dritten Klöppel zu liefern, jeder 1,05 Tonnen schwer, und geschmiedet mußte er sein. Durch reines Probieren gelang es endlich, die Glocke zu einem einigermaßen zufriedenstellenden Läuten zu bewegen. Im späten Sommer des Jahres 1878 wurde sie an ihren endgültigen Platz auf einen neuen Glockenstuhl im zweiten Obergeschoß des Südturms gehoben und montiert. Der «Kulturkampf» verzögerte die Glockenweihe, die, in Anwesenheit des Kaisers und der Kaiserin, erst am 30. Juni 1887 stattfand. Auch später wurde die «Kaiserglocke» nur selten geläutet. Anders als beim Heben von Lasten läßt sich der Aufwand beim Läuten nicht durch mechanische Hilfen wie Flaschenzüge verringern. Beim Flaschenzug wird die Entlastung durch einen längeren Weg erkauft, den die Läutemannschaft nicht bewältigen könnte, während die Glocke ihr den Takt schlägt. Erst in späteren Jahren kamen elektrische Läutewerke zur bequemeren Läutbarkeit von Glokken in Gebrauch und Kugellager zur Verringerung der Reibung. Heutzutage kann man andere Überraschungen erleben. Wer in Oberitalien Glocken läuten hört (sie aber nicht schwingen sieht), sollte sich vergewissern, ob der Klang nicht etwa von einer Tonkonserve durch einen Fünfhundert-Watt-Lautsprecher ausgestrahlt wird.

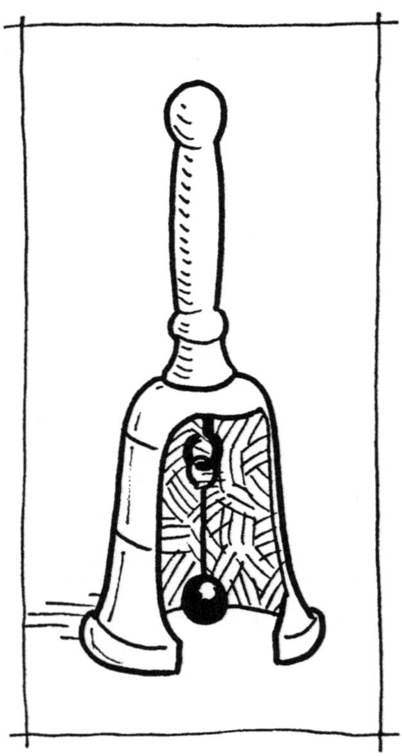

Handwerk und Wissenschaft: Wie konnte es geschehen, daß der Klöppel der Kaiserglocke beim normalen Läuten nicht am Schlagring der Glocke anschlug? Die Glokkengießer hatten so etwas in seltenen Fällen schon früher an kleineren Glocken beobachtet, bei denen man ohne große Kosten für Abhilfe sorgen konnte. Doch der Grund der Unläutbarkeit war ihnen, den Handwerkern, verborgen geblieben. Dem Versagen liegt ein Konstruktionsfehler zugrunde, unter dem bis auf den heutigen Tag auch die gebräuchlichen Tischglocken leiden. Schwingend geläutete Glocken bleiben stumm, wenn die natürliche Schwingungsdauer des Glokkenmantels deutlich größer als die des Klöppels ist. Eine Unläutbarkeitsbedingung läßt sich mit den Mitteln der technischen Mechanik auf physikalische Parameter (Abmessungen, Masse, Trägheitsmoment) des Glockenmantels und des Klöppels zurückführen. Die Antwort auf die erste wirft sogleich eine zweite Frage auf. Wie erklärt man den anfänglichen Mißerfolg der Nachbesserungen? Wenn die Unläutbarkeit nur auf ein unglückliches Zusammentreffen verschiedener Parameter zurückzuführen war, hätte in diesem Fall nicht fast jede planlose Konstruktionsänderung des Klöppels, seiner Länge oder Masse, die Glocke läutbar machen müssen? Auf diese Frage werden wir noch einmal zurückkommen.

Eine Glocke, die schwingend geläutet wird (wie in Deutschland üblich), stellt ein Pendel dar, das mit einem Glockenseil über ein Glokkenrad oder ein Hebelwerk in Schwung gebracht und am Schwingen gehalten wird. Durch den in ihrem Innern pendelnd aufgehängten Klöppel wird die Glocke zum Doppelpendel, dessen beide Pendel sich gegenseitig beeinflussen. Bei dem vorliegenden Gewichtsverhältnis von 1,050 t des Klöppels zu 27,075 t des Glockenmantels gleich 4 zu 100 (vergleichbar einem Drei-Kilo-Gewicht in der Hand eines Mannes von 75 Kilo) treibt zwar die Glocke den Klöppel, aber die Rückwirkung der Klöppelschwingung auf die Pendelschwingung der Glocke kann in erster Näherung vernachlässigt werden. Es kommt hinzu, daß die Glocke von der Läutemannschaft oder der elektrischen Läutemaschine beständig angetrieben wird. Für stationäres Läuten können wir daher annehmen, daß die Glocke harmonisch (sinusförmig in der Zeit) mit ihrer natürlichen Frequenz (Eigenfrequenz) pendelt. Sie führt dabei den

Aufhängepunkt des Klöppels auf einem Kreisbogen um das Lager der Glocke und regt den Klöppel zu erzwungenen Pendelschwingungen an. Die Erklärung der Unläutbarkeit, die schon 1876 von dem Dürener Realschullehrer W. Veltmann auf der Grundlage von Koppelschwingungen gegeben wurde, muß sich also einfacher aus der Theorie erzwungener Schwingungen des Klöppels ableiten lassen.

Die Unläutbarkeitsbedingung: Glocken, die beim Läuten stumm bleiben, machen dem Theoretiker die Arbeit leichter als klingende Glocken, in denen die Schwingung des Klöppels fortwährend durch Stöße gegen den Schlagring unterbrochen wird. Lassen Sie mich damit beginnen, ein mathematisches Pendel zu definieren. Es besteht aus einem masselos gedachten Faden oder Stab mit einer Pendelkugel am unteren Ende, die man sich zu einem Punkt geschrumpft denkt, in dem die ganze Masse vereinigt ist. Man spricht deshalb auch von einem Massenpunktpendel. Jedes einfache, nur aus einem Körper bestehende Pendel läßt sich durch seine sogenannte «reduzierte» Pendellänge kennzeichnen. Das ist die Länge desjenigen mathematischen Pendels, das mit derselben Schwingungsdauer

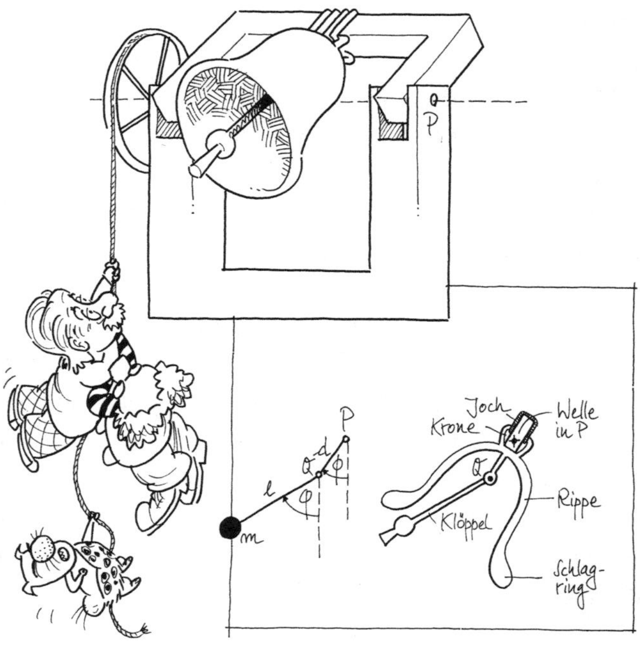

schwingt. Die Pendellänge läßt sich, wie man in der Technischen Schwingungslehre ableitet, folgendermaßen ermitteln. Ein Körper der Masse m mit dem Trägheitsmoment J um eine Achse durch den Schwerpunkt hat in bezug auf eine zur Schwerpunktsachse parallele Achse im Abstand s die Pendellänge $\ell = s + J/ms$. Um die Herleitung der Bewegungsgleichung zu erleichtern, ersetzen wir den Klöppel durch ein Massenpunktpendel gleicher Schwingungsdauer. Durch Beschränkung auf kleine Pendelausschläge der Glocke und des Klöppels, für die man ihre Bewegungsgleichungen «linearisiert», läßt sich die Theorie weiter vereinfachen. Da die Bedingung für Unläutbarkeit nur von den Parametern des Systems Glocke-Klöppel abhängt, muß sie bereits aus den linearen Gleichungen folgen. Die Glocke pendelt um die Welle P des Jochs, die im Glockenstuhl gelagert ist, während der Klöppel um seinen Aufhängepunkt Q schwingt, der bei der Glockenschwingung einen Kreisbogen mit dem Radius d um P beschreibt. Bei kleinen Ausschlagswinkeln ϕ und φ der Glocke und des Klöppels um ihre Ruhelagen beschreibt die Pendelmasse m näherungsweise einen Kreisbogen vom Radius $d + \ell$ mit der Bahnbeschleunigung $d\ddot{\phi} + \ell\ddot{\varphi}$ (wobei die übergesetzten Punkte Ableitungen nach der Zeit bedeuten), die rücktreibende Gewichtskraft auf der vorgeschriebenen Bahn ist, ebenfalls in linearer Näherung, $-mg\varphi$. Die Reibung im Lager des Klöppels (obwohl vorhanden) wird hier außer acht gelassen; sie kann, wenn nötig, ergänzt werden. Damit ist man schon in der Lage, die Bewegungsgleichung (Masse × Beschleunigung = Kraft) in der für kleine Winkel gültigen Näherung hinzuschreiben. Sie erhält nach Division durch $m\ell$ und Umordnung der Glieder die folgende Form:

$$\ddot{\varphi} + \frac{g}{\ell}\varphi = -\frac{d}{\ell}\ddot{\phi}.$$

Die Kreisfrequenz der Glockenschwingung ist $\sqrt{g/L}$, wenn die Pendellänge der Glocke L heißt. Die Glocke schwingt, wie früher begründet, harmonisch nach dem Zeitgesetz $\phi = A \sin \sqrt{g/L}\, t$ mit der größten Schwingungsweite (oder Amplitude) A. Im eingeschwungenen Zustand schwingt der Klöppel mit derselben Frequenz wie die Glocke (eine Eigenschaft erzwungener Schwingungen), aber im allgemeinen mit anderer Amplitude a und einer Phasenverschiebung α gegen die Glokkenschwingung: $\varphi = a \sin(\sqrt{g/L}\,t + \alpha)$. Setzen wir die beiden Schwingungen in die Bewegungsgleichung ein, so ergibt sich für $t = 0$ die Bedingung $(-g/L + g/\ell)a \sin\alpha = 0$, die nur $\alpha = 0$ oder π zuläßt, falls $L \neq \ell$ ist. Der Klöppel schwingt also entweder gleichphasig oder gegenphasig (Zwischenwerte fehlen wegen der vorausgesetzten Reibungsfreiheit). Für $t = \sqrt{L/g}\,\pi/2$ ergibt sich in ähnlicher Weise die Bedingung $\pm(L-\ell)a = d\,A$ je nachdem, ob $\alpha = 0$ oder $\alpha = \pi$ ist. Im vorliegenden Fall gilt $\ell < L$ (oder die Schwingungsdauer $2\pi\sqrt{\ell/g}$ der freien Schwingung des Klöppels ist kleiner als die Schwingungsdauer $2\pi\sqrt{L/g}$ der Glokkenschwingung). Da die rechte Seite der Bedingungsgleichung positiv ist, gilt auf der linken Seite das obere Vorzeichen, das heißt, es ist $\alpha = 0$. Der «Resonator» (der Klöppel) ist mit dem «Erreger» (der Glocke) bei «unterkritischer» Erregung in Phase wie bei allen reibungsfreien erzwungenen Schwingungen. Die Bedingung für Unläutbarkeit ist also

$$(L - \ell)a = d\,A,$$

mit der Einschränkung, daß der Klöppel nicht am Glockenrand anschlagen darf. Dazu muß die Schwingungsweite a des Klöppels ungefähr gleich der Schwingungsweite A der Glocke sein. Die Unläutbarkeitsbedingung erlegt daher den mechanischen Eigenschaften von Glocke und Klöppel, die in den Längen ℓ, L und d stecken, gewisse Schranken auf. Im Spezialfall $a = A$, in dem der Klöppel reglos in der Glocke verharrt (wie von Augenzeugen berichtet), folgt die Bedingung von Veltmann: $L = d + \ell$. Das heißt: Der Fall tritt ein, wenn die Pendellänge der Glocke die Pendellänge des Klöppels gerade um den Abstand der Drehachsen übertrifft.

Wir kommen auf die Frage zurück, warum wohl die Nachbesserungen des Klöppels seinerzeit von geringem Erfolg begleitet waren. Offensichtlich wurden beim Probieren mehrere Parameter gleichzeitig mit dem Ergebnis geändert, daß die Unläutbarkeitsbedingung erfüllt blieb. Der schon erwähnte Autor Veltmann hat das nachgerechnet.

Weitere Metamorphose: Auch diese Glocke, aus Kanonen entstanden, wurde wieder zu Kanonen. Verbürgt ist allerdings nur, wie W. Kaltenbach im Kölner Domblatt (1974, S. 121–

146) berichtete, daß sie am Ende des Ersten Weltkriegs, zwischen dem 5. März und dem 19. Juli 1918, zerlegt wurde, um eingeschmolzen zu werden. Am 11. November 1918, um 5 Uhr früh, war der Krieg zu Ende. Das Versprechen Kaiser Wilhelms II., der Kölner Dom werde nach dem Friedensschluß eine neue Kaiserglocke erhalten, wurde einige Jahre nach dem großen Krieg vom Central-Dombau-Verein eingelöst. Im November 1924 erhielt der Dom die St.-Peters-Glocke, die ebenfalls teilweise aus Geschützbronze gegossen wurde. Mit ihrem reichen Klang ließ sie den Verlust ihrer Vorgängerin rasch verschmerzen. Sie hat sogar, wenn auch leicht verletzt, den Zweiten Weltkrieg überstanden. Wer Köln besucht, kann sie zusammen mit der Pretiosa, der Speciosa und den kleineren Glocken feierlich läuten hören.

3.
Klassiker aus der Spielzeugkiste

Das Jojo – eine lange Geschichte

2500 Jahre Jojo: Anfang der dreißiger Jahre, erzählt man, spielten nicht nur die Kinder auf den Straßen Jojo. Die größte Jojowelle, die die Welt je gesehen hatte, schwappte von Amerika nach Europa herüber. Sie war kein Zufallsereignis, sondern das geplante Werk eines Geschäftsmannes mit Namen Donald Duncan, der seine Promotoren um die Welt schickte und an Straßenecken und auf Plätzen kunstfertig Jojotricks vorführen ließ, die das Jojofieber bis zum äußersten anheizten. Damals wurden Jojo-Dauerwettbewerbe und sogar Weltmeisterschaften ausgetragen. In den USA hatte sich Duncan mit dem mächtigen Zeitungsmagnaten William Randolph Hearst verbündet. Der Handel war ebenso einfach wie genial: Hearst warb in seinen Zeitungen für Duncan-Jojos, und jeder, der an Duncans Jojo-Wettbewerben teilnehmen wollte, mußte drei Abonnenten für Hearsts Zeitungen werben. Auf diese Weise verkaufte Duncan allein im Gebiet von Philadelphia 1931 in einem Monat drei Millionen Jojos (1).

Ein Jojo ist ein Mechanismus, der in einer rotierenden Masse Bewegungsenergie speichert, die es zum Wiederaufsteigen am Faden und zu einer Fülle von Kunststücken befähigt: ein Spielzeug-Schwungrad. Die Idee des Schwungrades selbst ist viel älter als das Jojo. Die Töpferscheibe gab es zum Beispiel schon 5000 Jahre vor unserer Zeitrechnung. Und bereits in der Steinzeit befestigten erfinderische Handwerker einen in der Mitte gelochten, schweren Stein am Bohrer, um das Trägheitsmoment zu vergrößern. Gleichwohl diente das Schwungrad als Antrieb eines Spielzeugs, bevor es in der Technik verwendet wurde, um den toten Punkt bei Dampfmaschinen zu überwinden, die Lage von Nachrichtensatelliten zu stabilisieren, die Energie von Kraftwerken zu speichern und Gyrobusse anzutreiben. Auf einer attischen rotfigurigen Schale aus dem Besitz des Berliner Antikenmuseums, die 450 v. Chr. datiert ist, ist ein Jojo-Spieler abgebildet – ein Indiz dafür, daß das Jojo im antiken Griechenland bekannt war.

Die frühe Jojo-Geschichte liegt im Dunkeln. Es gibt keine Hinweise darauf, daß das Jojo eine griechische oder eine chinesische Erfindung oder auch beides war. Auch auf den Philippinen soll in grauer Vorzeit das Jojo erfunden worden sein, und zwar als eine Jagdwaffe, ein «Killer-Jojo», wie es zur modernen Science-fiction passen würde. Der Jäger verbarg sich mit einem schweren Stein an einem langen Lederband im Geäst eines Baumes und wartete auf sein Opfer. Wenn er sein Ziel verfehlte, konnte er sein Wurfgeschoß leicht zurückholen. Die Frage ist, ob es wie ein Jojo von selbst zurückkam. Ein Blick auf die Mechanik des Jojos weckt Zweifel an dieser weitverbreiteten Legende.

Im 18. Jahrhundert tauchte das Jojo als chinesische Kuriosität in England auf und wurde unter der Bezeichnung «bandilor» populär, die auf die indische Stadt Bangalore hinweisen könnte. Nach einer Notiz vom Dezember 1791 im «Journal des Luxus» war das Jojo im Oktober jenes Jahres als «joujou de Normandie» nach Paris gekommen (2). Sehr rasch gewann es ungewöhnliche Popularität auf dem europäischen Kontinent. Die zeitgenössischen Namen «l'émigrette» und «coblentz» des Jojos deuten auf die große Schar der französischen Edelleute hin, die unter der Schreckensherrschaft des Direktoriums um das Jahr 1795 mit ihren kostbaren Jojos aus Glas und Elfenbein aus Frankreich nach Deutschland flohen (3). Ein Druck von 1792 zeigt mehrere Jojospieler, die sich den alliierten Armeen anschließen, darunter einen Soldaten, der mit zwei Jojos gleichzeitig spielt (4). Einer der prominentesten Jojo-Spieler der napoleonischen Zeit war Lord Wellington (5). Das Kunstwort yo-yo, eingedeutscht: Jojo, wurde wahrscheinlich erst 1930 geprägt und beim U.S. Patent Office registriert, übrigens durch keinen anderen als den schon erwähnten Donald Duncan (1).

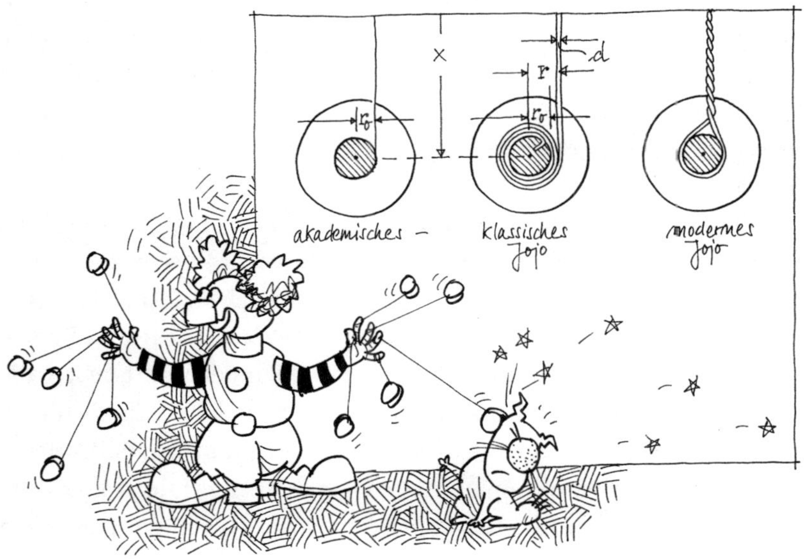

Jojo-Familien: Aus physikalischer Sicht sind drei Familien von Jojos zu unterscheiden. Sie alle (abgesehen von einigen «exotischen» Verwandten) haben einen rotationssymmetrischen Körper mit einer schlanken Welle, die auf einer sehr flexiblen Schnur abrollt. Beim *klassischen Jojo* ist ein Ende der Schnur an der Jojowelle festgemacht. Wenn die Schnur ganz abgewickelt ist, wendet daher das Jojo augenblicklich und tritt den Rückweg zur Hand des Spielers an. Die Dicke der Schnur hat großen Einfluß auf die Jojo-Geschwindigkeit, indem sie beim Ab- und Aufspulen den Spulenradius ändert. Dagegen ist die Gesamtmasse der Schnur im allgemeinen so klein gegen die Masse des Jojo-Körpers, daß sie bei der mathematischen Beschreibung unberücksichtigt bleiben darf. Ein klassisches Jojo, dessen Schnur vernachlässigbare Dicke hat und dessen Spulenradius beim Ab- und Aufwickeln der Schnur konstant bleibt, nennen wir ein *akademisches Jojo.* Nur solche finden gelegentlich Erwähnung in Lehrbüchern der Mechanik (zum Beispiel in 6). Wie ein akademisches Jojo benimmt sich das Maxwellsche Rad, das an zwei Schnüren aufgehängt ist, die sich zu beiden Seiten des Schwungrades in nebeneinanderliegenden Windungen auf die Welle wickeln. Beim *modernen Jojo* wird die Schnur in einer Schlinge um die Welle geführt. Außerhalb der Schlinge vereinigen sich die Schnurenden zu einer gedrillten Kordel. Moderne Jojos können deshalb «schlafen», das heißt, bei abgespulter Schnur in der Schlinge drehen. Sie erlauben daher zahlreiche spektakuläre Jojo-Tricks, die mit klassischen Jojos nicht möglich sind. Das erkannte Donald Duncan 1931 mit gesundem Geschäftssinn und kaufte dem Filipino Pedro Flores kurzerhand die Idee des Jojo-Freilaufs für 25 000 Dollar ab (1).

Durch Verwinden der Schnur läßt sich die Schlinge um die Welle lockern oder fester ziehen. Beim Aufwickeln verdrillt sich die Schnur pro Windung um 360 Grad. Die Schlinge kann sich so fest ziehen, daß auch ein modernes Jojo nicht mehr schläft, sondern zwangsläufig wie ein klassisches Jojo zur Hand zurückkehrt. Das Umgekehrte ist ebenfalls möglich: Ist die Schlinge gar zu locker, schläft das Jojo in der Schlinge ein und steigt nicht wieder auf. In Nürnberg, der Spielzeugstadt, erlebte ich vor Jahren in einem Spielzeugfachgeschäft, daß die freundliche Verkäuferin mir vom Jojo-Kauf abriet, weil die vorrätigen Jojos «alle kaputt» seien.

Die drei Jojo-Familien verhalten sich mechanisch sehr verschieden. Beim akademischen Jojo bleibt der Spulendurchmesser während der gesamten Bewegung konstant. Deshalb sind Fallen und Steigen gleichförmig beschleunigte Bewegungen wie der freie Fall. Zum Unterschied von frei fallenden Körpern werden Jojos durch die Schnur gezwungen, sich zu drehen. Dadurch wird nur ein Teil der potentiellen Energie der Translation des Schwerpunkts zugeführt, der Rest geht in kinetische Energie der Drehung über. Der Anteil der Drehung an der Energie ist um so größer, je schlanker die Jojo-Welle (gemessen am «Trägheitsradius» des Jojo-Körpers) ist, und um so langsamer läuft das Jojo an der Schnur entlang. Jojos, die zu lange für den Abstieg und den Wiederaufstieg an der Schnur brauchen, sind für das Trickspiel wenig geeignet. Stattet man aber ein akademisches Jojo, damit es schneller läuft, mit einer dicken Welle aus, kommt es am Ende der Schnur mit zu hoher Geschwindigkeit an und erleidet einen starken Umlenkstoß. Zur

Vorführung des Stoßes habe ich zwei Untertassen mit ihren Unterseiten zu einem ungewöhnlichen Jojo zusammengeklebt. Es macht beim Wenden einen Sprung und zieht mit einem solchen Ruck an der Schnur, daß sie in die Finger schneidet. Kein Wunder: Untertassen sollen sicher auf dem Tisch stehen und nicht zu Jojos verarbeitet werden.

Wie lassen sich die zwei gegensätzlichen Bedingungen – dicke Welle (zum Fallen und Steigen) und dünne Welle (zum Wenden) – vereinbaren? Eine Jojoschnur passender Dicke, die beim Aufwickeln auf die Welle eine zwei- bis dreimal so dicke Spule bildet, macht das Jojo erheblich schneller. Wenn die Schnur ganz abgewickelt und die Spule zur nackten Welle geschrumpft ist,

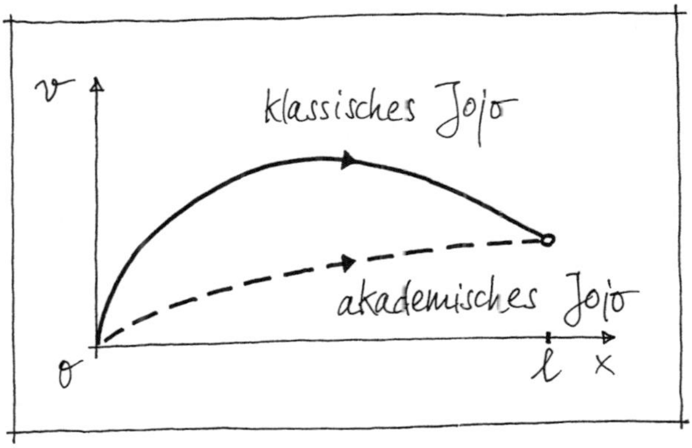

wendet das Jojo nahezu stoßfrei. Das erkennt man auch am Phasendiagramm des fallenden Jojos (in dem die Geschwindigkeit v des Jojos über dem Fallweg x aufgetragen ist). Für ein akademisches Jojo ist die Phasenkurve eine nach rechts offene Parabel. Beim klassischen Jojo (mit dem gleichen Nabendurchmesser, um einen Vergleich zu ermöglichen) nimmt die Fallgeschwindigkeit viel größere Werte an und fällt nach einem Maximum auf den gleichen Endwert wie beim akademischen Vergleichs-Jojo.

Kinematik des Ab- und Aufspulens: Das Ab- und Aufspulen der Schnur läßt sich einfach erklären, solange die Fadendicke klein gegen den Windungsradius bleibt. Der Faden füllt den Spalt zwischen den Scheiben des Jojokörpers und bedeckt, in der seitlichen Projektion gesehen, die Fläche zwischen den zwei Kreisen mit dem aktuellen Spulenradius r und dem Wellenradius r_0. Der Wert von r_0 läßt sich recht genau durch die Verkürzung eines sehr dünnen Fadens bestimmen, der mehrmals um die Welle geschlungen wird. Die beim Abrollvorgang wirksame Dicke der Schnur ist im allgemeinen nicht gleich dem Schnurdurchmesser, weil die Weite des Schnurkanals den wahren Durchmesser der Schnur beträchtlich übersteigt und mehreren Windungen nebeneinander Platz bietet. Die Schnur wickelt sich nicht ganz regelmäßig auf, aber im Mittel läßt sich die Änderung des Spulenradius r beim Abwickeln oder Aufwickeln der Schnur durch die Beziehung

$$\pi r^2 = \pi r_o^2 + d(\ell - z)$$

beschreiben. Darin bedeuten d die rechnerische Dicke der Schnur, ℓ ihre Gesamtlänge und z ihren abgespulten Teil. Der Spulenradius variiert zwischen seinem kleinsten Wert r_o bei $z = \ell$ und seinem größten Wert $r_m = \sqrt{r_o^2 + d\ell / \pi}$ bei $z = 0$. Der Parameter d läßt sich mit den gemessenen Werten von r_o, r_m und ℓ aus $d = \pi(r_m^2 - r_o^2)/\ \ell$ berechnen. An einem funktionstüchtigen Jojo messen wir zum Beispiel $r_o = 0{,}3$ cm und $r_m = 1{,}3$ cm für $\ell = 100$ cm, woraus $d = 0{,}05$ cm folgt. Auf dieses Beispiel eines «Standard-Jojos» werden wir uns noch an anderer Stelle beziehen.

Fallen und Steigen: Die einfachsten Bewegungen des Jojos sind das Fallen und das Wiederaufsteigen, bei denen die Hand das freie Ende der Jojoschnur ruhig hält. Zunächst sehen wir von Reibung aller Art ab. Dann gilt der Energieerhaltungssatz im Rahmen der Mechanik (d. h. die Summe der kinetischen Energie der Translation und der Rotation sowie der potentiellen Energie im Schwerefeld ist konstant):

$$\frac{m}{2}v^2 + \frac{J}{2}\omega^2 - mgx = E.$$

Er stellt einen Zusammenhang zwischen der Geschwindigkeit v des Schwerpunktes und der Winkelgeschwindigkeit ω des Jojos nach der Fallstrecke x her, die bei der einfachen Fallbewegung mit der Länge z des abgewickelten Fadens übereinstimmt: $z = x$. Die in die Gleichung eingehenden Parameter des Jojos sind seine Masse m und sein Trägheitsmoment J in bezug auf die Symmetrieachse; g ist die Schwerebeschleunigung. Die Konstante E ist null, wenn das Jojo aus der Ruhe losgelassen wird. Beim Auf- oder Abspulen hängen v und ω außerdem durch die Rollbedingung $|v| = r|\omega|$ mit dem aktuellen Spulenradius $r(x)$ zusammen. Die Elimination von ω aus dem Energiesatz liefert die Geschwindigkeit v des Jojos als Funktion der Lauflänge x:

$$v = \pm\sqrt{\frac{2gx}{1 + J/mr^2(x)}}.$$

Trägheitsmoment und Masse gehen in die Formel nur durch die charakteristische Länge $\sqrt{J/m}$ ein, die Trägheitsradius heißt.

Aus dem Phasendiagramm $v(x)$, gezeichnet für das erwähnte Standard-Jojo mit $r_o = 0{,}3$ cm, $d = 0{,}05$ cm, $\ell = 100$ cm und $\sqrt{J/m} = 2{,}5$ cm, ersieht man, daß die Geschwindigkeit reichlich auf halbem Wege ein Maximum hat. Die Beschleunigung a ist also nicht nur variabel, sondern wird im zweiten Teil des Abstiegs sogar negativ: Das Jojo wird gebremst, was sich an der zunehmenden Fadenkraft feststellen läßt. Zum Vergleich ist gestrichelt die parabolische Phasenkurve $v(x)$ desjenigen akademischen Jojos eingezeichnet, das sich von dem Standard-Jojo nur durch $d = 0$ unterscheidet:

$$v = \pm\sqrt{\frac{2gx}{1 + J/mr_o^2}}.$$

Seine Beschleunigung ist konstant wie die eines frei fallenden Steines, lediglich um den Faktor $1/(1 + J/mr_o^2)$ kleiner.

Die Phasenkurven machen deutlich, daß die Fallzeit für das klassische Jojo (mit endlich dickem Faden) erheblich kürzer ist als für das akademische Jojo mit dem gleichen Wellenradius r_o, denn je größer die Geschwindigkeit ist, um so kleiner ist das Laufzeitintegral

$$t = \int_0^\ell \frac{dx}{v(x)}.$$

Mit $v(x)$ und $r(x)$ aus den hergeleiteten Beziehungen sowie der Substitution

$$x = \frac{\pi r_m^2}{d}\sin^2\psi$$

läßt sich das Integral in die Normalform eines elliptischen Integrals zweiter Gattung umformen (7):

$$t = \sqrt{\frac{2\pi}{gd}} \left(\frac{r_m}{k} \right) \int_0^{\varepsilon} \sqrt{1 - k^2 \sin^2 \psi} \; d\psi .$$

Darin sind die Abkürzungen $k = 1/\sqrt{1 + J/mr_m^2}$ und $\varepsilon = \cos^{-1}(r_o/r_m)$ verwendet, für die $k \leq 1$ und $0 \leq \varepsilon \leq \pi/2$ gilt. Die Werte des elliptischen Integrals findet man in Tabellen höherer Funktionen. Läßt man in der Laufzeitformel die Fadendicke d formal gegen null streben ($d \rightarrow 0$), ergibt sich als Grenzfall die Laufzeit des akademischen Jojos:

$$t = \sqrt{2\ell / g} \; \sqrt{1 + J / mr_o^2} .$$

Für das klassische Standard-Jojo folgt die mit der Erfahrung gut übereinstimmende Zeit t = 1,3 sec; das entsprechende akademische Jojo braucht dagegen t = 3,8 sec, was den großen Einfluß der Fadendicke zeigt.

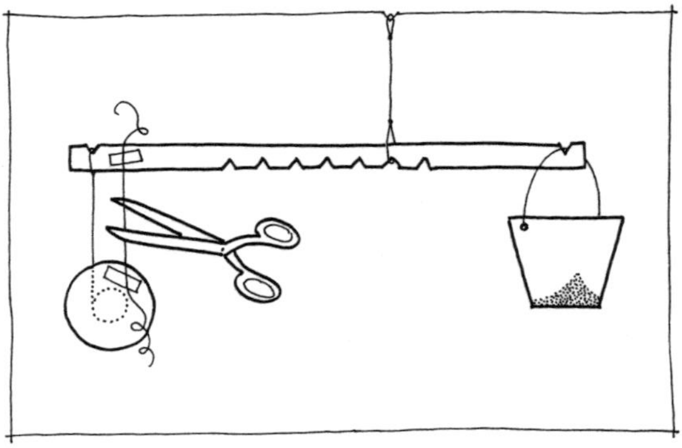

Der Leser kann jetzt sicher ein kleines Problem lösen: Eine «Jojo-Waage» trage auf der linken Seite des Waagbalkens ein arretiertes Jojo, die rechte Seite sei mit einem kleinen Eimer Sand ausgewogen. Wenn die Arretierung gelöst wird und das Jojo zu laufen anfängt, bleibt dann die Waage im Gleichgewicht? Wenn nicht, welche Waagseite senkt sich? Der zweite Teil der Frage setzt ein klassisches Jojo voraus: Hält man den Waagbalken fest, bis das Jojo (mit einem kräftigen Stoß) gewendet hat, und gibt ihn dann sofort frei – wie wird die Jojo-Waage sich jetzt verhalten?

Sie haben die Lösung gefunden? Da das Jojo beschleunigt nach unten fällt, wird die Waage auf der Jojo-Seite erleichtert. Nach der Wende steigt das Jojo verzögert nach oben. Es ist also ebenfalls nach unten beschleunigt, und die Waage wird wieder auf der Jojo-Seite leichter.

Wenden klassischer Jojos: Wenn die Schnur abgespult ist, wendet das klassische Jojo ohne Aufenthalt. In der Wendephase, in der sich das Jojo wie ein überschlagendes Pendel bewegt, wird die Position des Jojos am einfachsten mit dem Winkel φ ($-\pi/2 \leq \varphi \leq +\pi/2$) beschrieben, der mit der Fadenlänge ℓ und der Koordinate z des Jojo-Schwerpunktes durch die Gleichung $z = \ell + r_o \cos\varphi$ zusammenhängt. Mit Hilfe dieser kinematischen Bedingung läßt sich aus dem Energieerhaltungssatz die Winkelgeschwindigkeit $\omega = d\varphi/dt$ in der Wendephase berechnen:

$$\omega = \sqrt{\frac{2mgl}{J}\left(\frac{1+(r_o/\ell)\cos\varphi}{1+(mr_o^2/J)\sin^2\varphi}\right)}.$$

Das ist eine für unsere Zwecke viel zu komplizierte Beziehung. Für gute Jojos ist der Wellenradius r_o klein sowohl gegen die Schnurlänge ℓ als auch gegen den Trägheitsradius $\sqrt{J/m}$. Daher ist der zweite Faktor so wenig von eins verschieden, daß die Winkelgeschwindigkeit ω näherungsweise den konstanten Wert $\omega = \omega_m = \sqrt{2mg\ell/J}$ hat. Die Zahlenwerte $r_o/\ell \sim 0{,}003$, $mr_o^2/J \sim 0{,}014$ des Standardbeispiels veranschaulichen, wie gut die Näherung erfüllt ist.

Es muß nachgetragen werden, daß wir stillschweigend eine sehr lange Schnur (Länge sehr groß gegen r_o) vorausgesetzt haben. Unter dieser Voraussetzung bleibt die Schnur beim Wenden in guter Annäherung senkrecht, die Fadenkraft wirkt in senkrechter Richtung, und das Jojo gerät nicht ins Pendeln. Da das Jojo nicht zur Seite weicht, muß die (masselos angenommene) Schnur beim Wenden des Jojos von der einen Seite der Welle zur anderen springen, was sich auch leicht beobachten läßt.

Zur ganzen Wende (um den Winkel π) braucht das Jojo die Wendezeit $\tau = \pi/\omega_m$, die in dieser Näherung vom Wellenradius r_o unabhängig ist. Für das Standard-Jojo ergibt sich τ kleiner als 0,02 s, vernachlässigbar gegen die Fallzeit t. Im einfachsten mathematischen Modell der Jojo-Bewegung läßt sich daher das Wenden des Jojos als ein «Stoß» oder als eine diskontinuierliche Geschwindigkeitsänderung vom Fallen zum Steigen beschreiben. Nach dem Wenden steigt das Jojo wieder, wozu es den in seinem «Schwungrad» gespeicherten Energievorrat verwendet. Unter der Voraussetzung der Energieerhaltung erfolgt der Aufstieg spiegelbildlich zum Abstieg.

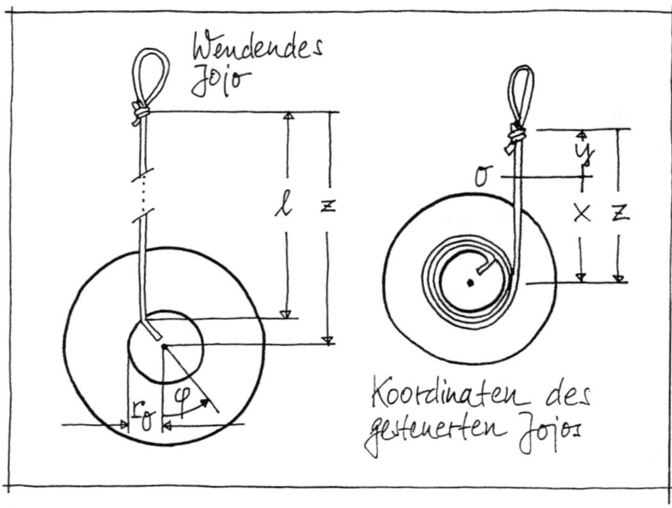

Dem Leser dürfte es jetzt leichtfallen, eine einfache Beobachtung zu erklären: Beim Auf und Ab dreht sich das Jojo im oberen Umkehrpunkt oft ruckartig um die Senkrechte. Warum geschieht dies nie im unteren Umkehrpunkt?

Wenn Ihnen dieser Effekt nie aufgefallen ist, machen Sie den Versuch, ehe Sie weiterlesen. Im unteren Wendepunkt dreht sich das Jojo schnell. Sein großer Drehimpuls stabilisiert die Orientierung der Drehachse im Raum. In der Nähe der Hand dreht sich das Jojo aber sehr langsam, und die Kreiselstabilisierung ist minimal. Deshalb genügt schon ein kleines Torsionsmoment der Schnur, das Jojo in der kurzen Wendephase um 30 Grad oder mehr zu drehen.

Schlafen und Aufwecken moderner Jojos: Im Unterschied zum klassischen Jojo begibt sich das moderne Jojo am Ende der Schnur zum «Schlafen», wenn die

Schnur nicht so fest verdrillt ist, daß die Schlinge von der Welle mitgenommen wird und die Schnur sich sofort wieder aufspult. Das Drehmoment der Reibungskräfte auf die Welle zeigt sich in der seitlichen Auslenkung des Angelpunkts der Schnur. Nach einem Fall aus einem Meter Höhe kann das Jojo nur ein bis zwei Sekunden schlafen. Da das Jojo zu zahlreichen Jojo-Tricks länger als vier Sekunden schlafen muß, wirft der Spieler das Jojo kräftig nach unten, um ihm mehr Energie auf den Weg mitzugeben ($E > 0$ im Energiesatz). Geübte Spieler können die kinetische Energie des Jojos verzwanzigfachen und seine Umdrehungsgeschwindigkeit bis auf etwa 140 Umdrehungen pro Sekunde steigern. Das entspricht einem Fall aus 25 Meter Höhe. Bei so rascher Umdrehung bewegt sich der Rand des Jojos mit annähernd 100 km/h. So ein Jojo ist ein echter Langschläfer.

Ein schlafendes Jojo wäre witzlos, wenn es nicht «aufgeweckt» werden könnte. Das geschieht durch einen Ruck an der Schnur oder einen Schlag auf die Hand. Das Jojo macht einen kleinen Satz, der rasch drehende Jojo-Körper nimmt ein Stück der momentan entlasteten Schnur mit und klemmt es ein, sobald die Schnur sich wieder strafft. Die Schnur haftet besser am Jojo-Körper als an der polierten Jojo-Welle. Das Jojo wickelt sie daher wieder auf und kehrt in die Hand zurück. Auf die gleiche Weise läßt sich übrigens ein fallendes Jojo auch unterwegs anhalten und zum Wenden bringen. Von den eingeklemmten Schlingen kann man sich leicht überzeugen, indem man die Schnur vorsichtig bis zu der betreffenden Stelle abwickelt.

Steuerung des Jojos: Das Auf und Ab des sich selbst überlassenen Jojos verebbt wie das Springen eines Gummiballs. Das Jojo verliert unterwegs Bewegungsenergie unter anderem durch Reibung der Schnur am Scheibenrand und durch den Luftwiderstand. Der Jojo-Spieler ersetzt den Energieverlust durch Bewegung des Schnurendes. Um das wirkungsvoll zu tun, muß er die Bewegung seiner Hand nach der beobachteten Jojo-Bewegung richten: Jojo und Spieler bilden einen Regelkreis. Für das angetriebene Jojo ist die Fallhöhe x verschieden von der Abwickellänge z, und zwar um die Höhe y, um die der Jojo-Spieler das freie Ende der Schnur gehoben hat: $z = x + y$. Für den Jojo-Spieler ist z die wesentliche Koordinate, weil er das Jojo nicht im Raum, sondern entlang der Schnur verfolgt. Die Rollbedingung wird (mit den Abkürzungen $\dot{z} = dz / dt$ und $\dot{\varphi} = d\varphi / dt$) zu $|\dot{z}| = r|\dot{\varphi}|$, wobei $r(z) = \sqrt{r_o^2 + (\ell - z)d / \pi}$ der Spulenradius ist.

Da die Energieverluste nur schwer zu erfassen sind, werde zur Vereinfachung angenommen, daß sie sich in den Umlenkstößen am unteren Ende der Schnur konzentrieren. Im übrigen wird die Bewegung als reibungsfrei vorausgesetzt. Die Bewegungsgleichung des angetriebenen Jojos gewinnt man am einfachsten aus der Lagrangefunktion

$$L(z, \dot{z}, t) = \frac{m}{2}(\dot{z} - \dot{y})^2 + \frac{J}{2}(\frac{\dot{z}}{r})^2 + mg(z - y),$$

in der $y(t)$ die vorzugebende Steuerfunktion ist. Routinemäßig folgen die Lagrangeschen Gleichungen, die man nach Multiplikation mit $2\dot{z} / m$ umformt zu

$$\frac{d}{dt}\left[(1 + J / mr^2)\dot{z}^2\right] = 2(g + \ddot{y})\dot{z}.$$

Die Integration liefert eine Formel für die Abrollgeschwindigkeit $\dot{z}$ als Funktion der Koordinate z:

$$\dot{z}^2 = 2\left[gz + \int \ddot{y} dz + c\right] / (1 + J / mr^2).$$

Dabei denkt man sich die Steuerungsgröße $\ddot{y}$ als Funktion von z gegeben; c ist eine Integrationskonstante. Für den Antrieb des Jojos ist also die Beschleunigung $\ddot{y} = d^2y / dt^2$ der Schnur maßgebend, genauer das Integral $\int \ddot{y} dz$, das die Energiezufuhr pro Masseneinheit des Jojos auf dem durchlaufenen Weg im Bezugssystem der Jojo-Schnur bedeutet. Entsprechend dem Auf und Ab des Jojos überdeckt der Integrationsweg Strecken des Intervalls $0 \leq z \leq \ell$ mehrfach. Um dem Jojo Energie zuzuführen, muß man dafür sorgen, daß $\ddot{y}$ positiv ist (Beschleunigung der Hand nach oben), solange z wächst (die Schnur sich abwickelt) – entsprechend $\ddot{y} < 0$ für $\dot{z} < 0$. Praktisch geht die Steuerung des Jojos mehr vom Gefühl als vom Auge aus. Die Hand spürt die Fadenkraft, mit der sie Arbeit leistet. Dagegen werden Beschleunigungen visuell nur sehr unvollkommen wahrgenommen. Welcher naturwissenschaftliche

Laie sieht schon die Bremsung der Aufwärtsbewegung als Beschleunigung nach unten an? Es kommt hinzu, daß der Steuerbereich begrenzt ist, und zwar die Verschiebung y durch die Reichweite des Arms und die Nähe des Fußbodens, die Beschleunigung $\ddot{y}$ nach oben durch unsere begrenzte Leistungsfähigkeit und nach unten durch die Bedingung, daß der Faden straff bleiben muß (dafür ist $\ddot{y} > -g$ eine notwendige Bedingung).

Betrachten wir als einfaches Beispiel das Aufschaukeln des Jojos während eines Bewegungszyklus! Der Spieler kann ein Jojo, das aus der Ruhe losgelassen wird und im Wendestoß einen relativen Verlust an kinetischer Energie vom Betrag $1 - \varepsilon^2 \, (0 < \varepsilon < 1)$ erleidet, durch geeignete Steuerungsfunktionen $\ddot{y}_-(z)$ und $\ddot{y}_+(z)$ für den Ab- bzw. Aufstieg mit der positiven Geschwindigkeit $\dot{z}_0$ zur Hand zurückkehren lassen. Dabei gilt

$$\dot{z}_0^2 = \frac{2}{1 + J / m r_m^2} \int_0^{\ell} \left[\varepsilon^2 (g + \ddot{y}_-) - (g + \ddot{y}_+) \right] dz,$$

vorausgesetzt, das Jojo ist nicht schon vor der Rückkehr in die Hand zur Ruhe gekommen. Das Ergebnis macht insbesondere deutlich, wie wirkungsvoll es ist, dem Jojo auf dem Rückweg mit der Hand beschleunigt entgegenzukommen ($\ddot{y}_+ < 0$), zumal bei starker Dämpfung (ε klein).

Als weiteres Beispiel mag der Leser selbst ausrechnen, wie der Spieler seine Hand bewegen muß, damit sich das Jojo im Raum auf der Stelle dreht ($x = 0$ oder $z = y$). Zur Vereinfachung betrachte man den Grenzfall einer sehr dünnen Welle ($r_0 = 0$), in dem der Wendestoß wegfällt. Diese nicht ganz triviale Lösung lautet: $y(t) = l(\sin \Omega t)^2$ mit $\Omega^2 = mgd/2\pi J$. Wer das Spiel mit einem realen Jojo macht und die Dauer einer Periode τ abstoppt, findet nur etwa ⅔ der Zeit π/Ω (2,8 s für das Standard-Jojo), die das vereinfachte Modell liefert. Tatsächlich hängt die Periodendauer empfindlich von r_0 ab. Mit etwas größerem Aufwand läßt sich ein verfeinertes Modell machen, das der Wirklichkeit näherkommt.

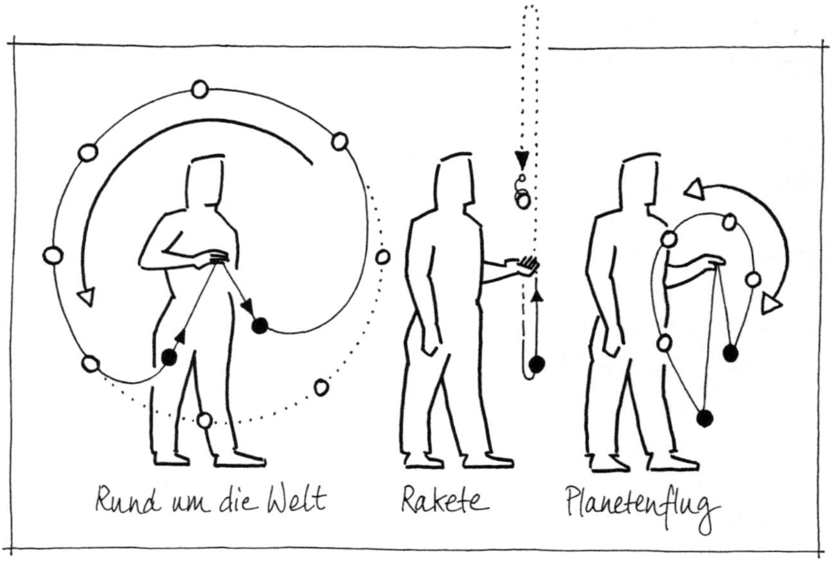

Rund um die Welt und andere Tricks: Das Jojo hätte gewiß nicht so viele leidenschaftliche Anhänger gefunden, gäbe es nicht die Tricks, mit denen man Zuschauer begeistern kann. Wenn ein Jojo nach gewagten Kurven im Raum zur Hand des Spielers zurückkehrt, halten Kinder die Schnur manchmal für ein Gummiband. Aber das Jojo braucht keine elastische Schnur, weil es Energie in einem Schwungrad speichert.

Viele der Tricks lassen sich mit einem klassischen Jojo ausführen; für andere braucht man ein modernes Jojo, das schlafen kann (8). Bei der Mehrzahl der Tricks läuft das Jojo an der Schnur auf und ab und führt gleichzeitig eine Pendel- oder Umlaufbewegung aus. Dabei beschreibt das Jojo verwickelte räumliche Bahnkurven, die sich nur numerisch mit Hilfe eines Computers berechnen lassen. Im folgenden möchte ich mich deshalb auf wenige Beispiele beschränken und nicht zu tief in ihre Mechanik eindringen.

Effektvoll vorgeführt, ist die «Rakete» einer der eindrucksvollsten Jojo-Tricks. Dennoch ist er mechanisch sehr einfach. Ein klassisches Jojo wird mit voller Wucht nach unten geworfen und kommt mit hoher Geschwindigkeit zurück. Bevor es die Hand des Spielers erreicht, streift er die Schnur vom Finger und läßt das Jojo im freien Flug weiter steigen. Die Gipfelhöhe h über der Hand bestimmt sich aus der Startgeschwindigkeit U des Jojos nach demselben Gesetz wie der freie Fall: $h = U^2/2g$. Der Trick ist mit einem modernen Jojo sogar noch eindrucksvoller. Wenn ein schneller Schläfer aufgeweckt und gestartet wird, sieht es so ähnlich aus, als ob eine Rakete von der Startrampe abhebt (obwohl die Bewegung eigentlich ein Katapultstart ist).

Würde das Jojo höher aufsteigen, wenn es früher, ein Stück unterhalb der Hand, freigelassen würde? Nein, die günstigste Startposition ist nahe bei der Hand. Der Grund dafür ist, daß beim Aufstieg an der Schnur auch kinetische Energie der Rotation in potentielle Energie übergeht. Der beim Start der «Rakete» (das heißt: beim Loslassen der Schnur) verbleibende Rest der Rotationsenergie kann nicht mehr in potentielle Energie verwandelt werden. Der Energieverlust ist am kleinsten, wenn man das Jojo so nahe bei der Hand abschießt wie möglich.

Für den Trick, der «Rund um die Welt» heißt, braucht man ein modernes Jojo. Stellen Sie sich vor, das Jojo sei ein Raumschiff, das von der Erde aus in eine Umlaufbahn geschossen wird. Dazu wird das Jojo mit Wucht abgeworfen und zum Schlafen gebracht. Während es schläft, schleudert man es in einer nahezu kreisförmigen Bahn herum, die den Orbit darstellt. Wenn es rechtzeitig aufgeweckt wird, kehrt das Jojo in die Hand des Spielers zurück; das Raumschiff landet auf der Erde.

Der «Planetenflug» ist ein anderer eindrucksvoller Trick. Ein klassisches Jojo wird so nach unten geworfen, daß es mit mäßiger Geschwindigkeit zurückkommt. Nun stellen Sie sich vor, das Jojo sei ein Raumschiff, die Hand des Spielers sei ein Planet, zum Beispiel Jupiter, und die Schnur sorge für das Gravitationsfeld. Anstatt eine weiche oder harte Landung auf dem Planeten zu versuchen, soll der Raumflugkörper einen Vorbeiflug (swing-by) ausführen. Wie können wir diese Mission mit einem Jojo simulieren? Um das Jojo zur Umkehr zu zwingen, während es an der Schnur hochsteigt, muß man fest an der Schnur ziehen. Bei der Ausführung des Tricks führt der Spieler seine Hand rasch in einem kleinen Bogen um das näherkommende Jojo und zieht die Schnur kurz und kräftig wieder nach unten. Das Jojo schnellt über die Hand und setzt seine Fahrt mit erhöhter Geschwindigkeit fort, vielleicht zum nächsten Start.

Ein Zoo von Jojos: Bei den bisher studierten Bewegungen liefen die Punkte des Jojos parallel zu einer festen Ebene, und die Drehachse blieb dazu senkrecht. Wenn die Schnur sich unordentlich aufwickelt oder auf den Rand einer der Jojo-Scheiben drückt, erinnert sich das Jojo gern seiner dreidimensionalen Freiheit und fängt an, als Kreisel zu präzedieren. Bei längerem Spiel kann auch die zunehmende Verdrillung der Schnur daran schuld sein, durch die sich die Schnur versteift. Mittelmäßige Spieler helfen sich, indem sie dem Jojo größere Geschwindigkeit geben (sie spielen «mit Kraft»). Um Kreiselprobleme zu vermeiden, hat man das *Band-Jojo* erfunden. Statt einer Schnur besitzt es ein zwei Zentimeter breites Band, das sich sauber aufrollt und die Jojo-Achse ausrichtet. Zwischen dem Band und der Fingerschlaufe ist ein Drehgelenk ähnlich wie bei einer Angel eingebaut. Ein präzedierendes Bandjojo läßt sich leicht wieder unter Kontrolle bringen. Deshalb können schon kleine Kinder damit Jojo spielen, und die kleinsten Jojo-Fans sind davon begeistert. Es läuft sehr sanft, kann aber leider nicht schlafen.

In meiner Jojo-Sammlung tummeln sich noch viele andere Konstruktionen, zum Beispiel *Leucht-Jojos.* Gelegentlich haben mich Leute, die ein solches Jojo zum ersten Mal sahen, gefragt, ob sich darin wohl ein Dynamo verberge, der vom Jojo angetrieben werde. Haben Sie einmal an Ihrem Fahrraddynamo gedreht und das große Drehmoment gefühlt, das man zur Stromerzeugung aufbringen muß? Ein Jojo ist viel zu leicht, den Dynamo in Bewegung zu setzen. Die Birnchen auf beiden Seiten des Jojos werden – wie banal! – von Batterien gespeist. Fliehkraftschalter, die aus einer Blattfeder mit einer Endmasse bestehen, schließen die Stromkreise, wenn das Jojo sich rasch genug dreht.

Das *Yomega* ist ein modernes Jojo, das kurze Zeit schläft und sich zu passender Zeit selber aufweckt. Sein Geheimnis ist ein Fliehkraft-Freilauf. Das ist eine Kupplung, die sich bei hoher Umdrehungsgeschwindigkeit von der Welle löst und erst wieder zupackt, wenn das Jojo langsamer geworden ist. Selbstverständlich muß das Jojo noch so viel Energie haben, daß es wieder zur Hand aufsteigen kann. Die kritische Umdrehungsgeschwindigkeit, bei der die Kupplung schaltet, muß daher richtig eingestellt sein.

Das *Saturn-Jojo* ist genaugenommen kein echtes Jojo. Es besteht aus einer runden Scheibe, die sich um die Schnur als Achse drehen läßt. Ein exzentrischer Ring (daher der Name «Saturn») ergänzt es zu einem Pendel, das man durch vorsichtige Bewegung der beiden Schnurenden im Takt der Schwingung zum periodischen Überschlagen bringen kann.

Die absonderlichste Jojo-Konstruktion in meiner Sammlung ist ein *Jojo-Aufzug*. Seine rotierende Masse ist ein Schwungrad, das auf einer Achse läuft, die der Spieler in der Hand hält. Davon getrennt ist die fallende Masse, die sich an einem Faden vom Schwungrad abseilt und beim Aufstieg wieder aufwickelt. Dieses Spielzeug hat eine Schwachstelle: das Gleitlager. Bei einem so billigen Plastikspielzeug kann das Lager nicht präzise genug sein. Reibungsschwingungen des Rotors auf der Achse bringen den Jojo-Aufzug regelmäßig zum Stillstand. Vielleicht läßt sich der Defekt durch ein gutes Kugellager beseitigen.

Eine Frage zum Schluß: Müssen Jojos rund sein? Oder läuft beispielsweise ein Jojo aus zwei Ellipsenscheiben ebensogut wie ein rundes Jojo? Aus dickem Sperrholz sägen wir zwei Ellipsen mit der großen Halbachse a und der kleinen Halbachse b

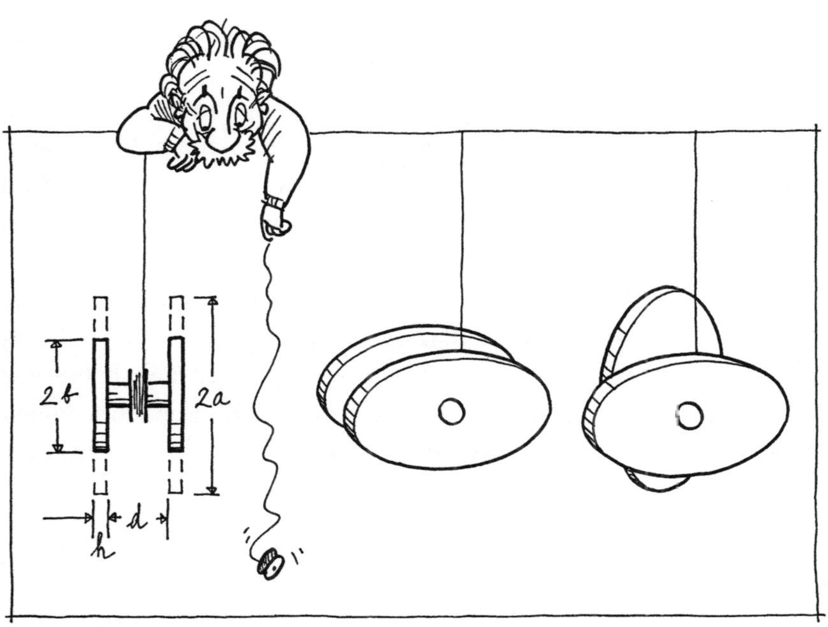

aus, die wir in der Mitte durch eine runde Welle verbinden. Die Dicke h der Scheiben ist viel kleiner als die kleine Halbachse. Zuerst fertigen wir uns ein Jojo mit sehr geringem Scheibenabstand d. Es zeigt sich, daß das Jojo einwandfrei läuft.

Beim zweiten Versuch legen wir einen großen Abstand d zwischen die Ellipsenscheiben, mindestens so groß wie die große Halbachse a der Ellipse. Damit die Schnur sich sauber in der Mitte aufwickelt, fügen wir zwei runde Führungsscheiben ein, die keinen nennenswerten Einfluß auf das mechanische Verhalten des Jojos haben. Auch das zweite Jojo läuft sehr gut, wenn man davon absieht, daß es ein bißchen wackelt. Aber das ist kein Wunder bei Holz und so viel Handarbeit.

Falls ich Zuschauer habe, pflege ich an dieser Stelle zu erklären, daß die Interpolation, wie man wisse, ein verläßliches mathematisches Prinzip sei. Man dürfe daher für das dritte Jojo einen Abstand d zwischen den beiden vorherigen wählen und könne sicher sein, daß das Jojo ebensogut laufe wie die beiden anderen. Die Zuschauer sind geteilter Meinung. Und tatsächlich, das Jojo denkt nicht daran, vernünftig zu laufen. Es torkelt an der sich abwickelnden Schnur herunter. Ich greife zur Gewalt und drehe eine der beiden Ellipsenscheiben des dritten Jojos, bis die beiden Ellipsen zueinander senkrecht stehen. Von einigen Zuschauern erwartet und zur Überraschung der übrigen läuft dieses Jojo bestens. Wie läßt sich das erklären?

Man lernt in der Experimentalphysik, daß man in jeden beliebigen starren Körper drei zueinander senkrechte Achsen durch den Schwerpunkt stecken kann, um die er sich ohne Unwucht dreht. Wer ein Auto hat, weiß, was das bedeutet. Wenn die Trägheitsmomente des Körpers um diese Achsen sämtlich voneinander verschieden sind wie bei dem Ellipsen-Jojo, gibt es ein kleinstes, ein mittleres und ein größtes Trägheitsmoment. Physiker wissen, daß die Drehung um die Achse mit dem mittleren Trägheitsmoment nicht stabil ist, und genau diese haben wir beim dritten Jojo zur Drehachse gemacht. Aus der Kreiseltheorie folgen die Stabilitätsbedingungen, die ich beim Bau der Jojos zu beachten hatte:

$$
\begin{array}{lllll}
 & d^2 + h^2 < b^2 & \text{stabil} & \text{(2. Jojo)} \\
b^2 < & d^2 + h^2 < a^2 & \text{labil} & \text{(3. Jojo)} \\
a^2 < & d^2 + h^2 & \text{stabil} & \text{(1. Jojo)}
\end{array}
$$

Warum läuft aber das Jojo mit den gekreuzten Ellipsen so gut? Nach den Kriterien der Mechanik, die von einem starren Körper nur seine Masse, seinen Schwerpunkt und seine Trägheitsmomente wahrnimmt, ist dieses Jojo rund (das heißt: rotationssymmetrisch). Wie man sieht, hat die Mechanik keinen Sinn für die Vielfalt und die Schönheit der Körper.

Wer sich mit dem faszinierenden Thema Jojo ausführlicher beschäftigen möchte, findet in den folgenden Literaturhinweisen detaillierte Informationen:

P. Dickson: *The Mature Person's Guide to Kites, Yo-yos, Frisbees and Other Childlike Diversions*. New York, 1977. (1); F.M. Feldhaus: *Die Technik – ein Lexikon*. München, 1970. (2); A. Fraser: *Spielzeug*. Oldenburg, 1966. (3); Le Clarétie: *Les Jouets*. Paris, 1894. (4); F. V. Grunfeld & E. Oker: *Spiele der Welt*. Frankfurt, 1976. (5); H. Volz: *Einführung in die Theoretische Mechanik*, Band I. Frankfurt, 1971. (6); W. Bürger: *Das Jojo – ein physikalisches Spielzeug*. Phys. Blätter 39, 1983, 401–404. (7); W. Bürger: *The Yo-yo: A Toy Flywheel*. American Scientist, March/April 1984, 137–142. (8); D. Bahringer & K.W. Du Four: *Duncan Yo-yo Trick Book*. Baraboo, Wi., 1979. (9); D. Halliday & R. Resnick: *Fundamentals of Physics*, 3rd ed. New York, 1988. (10); J. Cassidy: *The Klutz Yo-yo Book*. Klutz Press, Palo Alto, Cal., 1987. (11).

Cartesianische Taucher

Der Glasbläser hatte seine Werkstatt inmitten der winkligen Gassen der Altstadt, wo es bittersüß nach Vergangenheit roch und wohin ein Sonnenstrahl sich nur gelegentlich verirrte, wenn sich ihm oben in den Mansarden ein Spiegel in den Weg stellte. Falls der Großvater es nicht gerade eilig hatte, nahm er mich an die Hand, wenn er in die Altstadt ging, um in den kleinen Läden einzukaufen, in denen es alles gab, was sich kleine Jungen sehnsüchtig wünschen: Taschenmesser, Steinschleudern, Feuerzeuge und so weiter. Bei solchen Gelegenheiten besuchten wir oft den Glasbläser, der sich wie ein guter Freund über unseren Besuch freute und mir voller Eifer zeigte, was er wieder Kunstvolles geblasen hatte: eine zerbrechliche blaue Blume, einen angriffslustigen Schwan mit geschwellten Flügeln oder eine zierliche Vase mit gewundenem Fuß, der an eine Schlingpflanze erinnerte. Er hatte auch ein Bierglas für Säufer gemacht. Wenn man es zu hoch füllte, lief das Bier durch den Handgriff wie durch einen Siphon aus und verursachte eine große Lache auf dem Tisch, die sich über die Tischkante auf den Fußboden ergoß. Als ich einmal über Durst klagte, füllte er mir Limonade in einen geheimnisvollen Pokal, aus dem ich keinen einzigen Schluck herausbrachte. «Bevi si puo», stand in großen Buchstaben auf dem Becher, «Trink, wenn du kannst», sagte der Glasbläser, und führte mir vor, wie man geschickt an die Limonade kommt.

Die größte Freude konnte er mir machen, wenn er die hohe Flasche mit den gläsernen Taucherteufelchen aus dem Regal nahm. Er hatte auch die Flasche selbst aus hellgrünem, klarem Glas geblasen und außen kunstvoll mit Seeanemonen und Tang bemalt, der seine langen Blätter nach oben, der Schwere entgegen, streckte. Da saßen sie alle, die kleinen bunten Teufel mit den Köpfen in der kleinen Luftblase oben unter dem Pfropfen, als ob sie eben einmal Luft schnappen wollten. Der Glasbläser drückte auf den Pfropfen, und schon sanken sie einer nach dem andern langsam nach unten, zuerst ein kleiner schwarzer, den er als den Unterteufel bezeichnete, zuallerletzt, nur dem stärksten Druck weichend, ein großer roter Teufel, der oberste von allen, wie mir unser Freund versicherte. Er ließ seine Teufel auf und nieder schweben und erfand immer neue Geschichten, die die Flasche zum Kasperltheater werden ließen. In meiner Phantasie verwandelten sich die kleinen Glasteufel in den Geist in der Flasche, der im Märchen die wunderbare Macht hat, geheime Wünsche zu erfüllen. Merkwürdig kam es mir nur vor, daß die Glasteufel bei allen Spielen in derselben Reihenfolge auftraten. Offenbar gab es eine feststehende Rangordnung. Nie tauschte der rote mit dem schwarzen Teufel den Platz. «Kann er das nicht?» fragte ich. «Das ist wie im wirklichen Leben», antwortete er, «die Großen lassen die Kleinen nicht hochkommen.» – «Können die Teufel nicht ertrinken, wenn du sie zu lange unter Wasser läßt?» fragte ich weiter. «Das nicht», erklärte der Glasbläser, «doch absaufen können sie schon, wenn ich das Glas auf den Kopf stelle.» Er wollte das aber nicht tun, so sehr ich ihn darum bat, weil die «Wiederbelebungsversuche», wie er sich ausdrückte, ihm zu viel Mühe bereiteten.

Der Erfinder: Man nennt die kleinen Glasteufel cartesianische Taucher und schreibt sie (irrtümlich) dem Mathematiker und Philosophen René Descartes zu, der sich auch Renatus Cartesius nannte. Die erste gedruckte Beschreibung verdanken wir aber seinem erfindungsreichen Zeitgenossen Raffaello Magiotti (1597–1656), der neben Torricelli einer der bedeutendsten Schüler Galileis war. Magiotti gilt deshalb als der wahre Erfinder der Taucher. Es läßt sich sogar ein Datum angeben, das Jahr 1648, in dem in Rom Magiottis Arbeit «Renitenza certissima dell'acqua alla compressione» in der Form eines Briefes an Lorenzo de' Medici erschien. Es war das Jahr des Westfälischen Friedens, der in Mitteleuropa den Dreißigjährigen Krieg beendete. Für die Funktion des Tauchers ist es wichtig, daß Wasser im Vergleich zu Luft nahezu inkompressibel (unzusammendrückbar) ist. Es ist daher nicht verwunderlich, daß die Erfindung im Zusammenhang mit Experimenten über Siphons, Vakuum und Luftdruck steht, ein Beispiel für die zuweilen ausgesprochene Vermutung, daß physikalische Spielzeuge Spiegelbilder der Wissenschaft und Technik ihrer Zeit sind.

Magiottis Taucher wird lediglich als ein «umgekehrtes, leeres Gefäß» beschrieben. Aber schon vor nahezu zwei Jahrhunderten, im Katalog des Nürnberger Galanteriewarenhändlers Georg Hieronimus Bestelmeier von 1803, findet man glasgeblasene Teufel: «No. 178. Ein Wasserteufel, schwarz von Glas in einem glaesernen Gefaesse, welches mit Wasser gefüllt und oben fest zugebunden ist. Drueckt man nun mit dem Daumen recht stark auf die ueber das Glas gespannte Blase, so macht die Figur verschiedene Bewegungen. Kostet mit Kistel 28 kr.» Die Bezeichnung «cartesisch» oder «cartesianisch» tauchte seinerzeit nicht auf, auch nicht ein halbes Jahrhundert später in einem Michael Faraday gewidmeten Buch «Philosophy in Sport – making science in earnest (being an attempt to implant in the young mind the first principles of natural philosophy by the aid of the popular toys and sports of youth)», das 1853 in 7. Auflage erschien. Die Taucher heißen dort «bottle imps» (wie der Flaschengeist in Robert Louis Stevensons berühmter Novelle, die erst 1891 geschrieben wurde). Auf den Jahrmärkten wurde früher manchem Leichtgläubigen aus den Bewegungen der Taucherteufel sein Schicksal geweissagt. Mitte vorigen Jahrhunderts muß die Popularität der cartesianischen Taucher so groß gewesen sein, daß sie die politischen Ereignisse allgemeinverständlich illustrieren konnten. Eine Karikatur von Wilhelm Scholz aus dem «Kladderadatsch» vom 29. Juli 1860 zeigt Napoleon III. als gedemütigten Taucherteufel auf dem Grunde einer Flasche. In der Fußgängerzone einer Großstadt erlebte ich noch in den sechziger Jahren, zur Zeit der großen Koalition, einen fliegenden Händler mit einer großen Flasche, in der er einen schwarzen Teufel als Franz Josef Strauß, einen roten als Willy Brandt und einen blauen als Walter Scheel politische Konversation treiben ließ.

Taucherteufel: Cartesianische Taucher kann man sich mühelos selber herstellen, zum Beispiel aus einer dünnwandigen Arzneiflasche mit einem durchbohrten Gummistopfen, der die umgestülpte Flasche unten beschwert und ihre aufrechte Schwimmlage stabilisiert. Man kann Tauchmännchen, Tauchboote, Freiballons oder Fische basteln, der Phantasie sind keine Grenzen gesetzt. Der traditionelle cartesianische Taucher ist eine kleine Teufelsfigur, kunstvoll aus dünnem Glas geblasen, 4 bis 5 cm groß, mit einem sehr dünnen Glasrohr als Schwanz, der sich etwas unterhalb der Taille halb um die Figur herumwindet. Das Schwanzende trägt die einzige Öffnung, durch die Wasser in das Innere hineinströmen oder Luft herausfließen kann. Die Zylinderlinse, die der Standzylinder mit seiner Wasserfüllung bildet, läßt das Teufelchen dicker erscheinen, als es in Wirklichkeit ist. Die Luftblase in seinem Glasbauch läßt den unvorbereiteten Taucher wie einen dickbauchigen Herrn in der Rückenlage auf der Wasseroberfläche treiben. Vor den Tauchversuchen tariert man ihn aus, indem man Wasser durch den Schwanz in seinen Körper drückt, bis er bei normalem Luftdruck (der durch die Wetterlage vorgeschrieben ist) eben noch nicht untergeht. Eine einfache Methode des Austarierens besteht darin, den Taucher in einen nahezu voll gefüllten Standzylinder zu setzen (einen hinreichend engen, damit der Taucher sich nicht zum Kopfstand umdrehen kann), und den Zylinder mit einer Gummikappe oder einem Pfropfen dicht zu verschließen, ihn dann zu stürzen und durch Drücken auf den Flaschenverschluß den Druck im Innern zu erhöhen, bis genügend Luft aus dem Taucher entwichen ist. Beim Nachlassen des Druckes strömt Wasser in den Glaskörper. Sollte aus Versehen zu viel Wasser in den Taucher eingedrungen sein, ist das nicht schlimm, man kann es mit dem Mund wieder heraussaugen. Übrigens empfiehlt es sich, destilliertes Wasser zu verwenden, damit auf die Dauer die feine Kapillare im Schwänzchen nicht verkalkt.

Tauchstation: Schon Archimedes (287? bis 212 v.Chr.) entdeckte, daß ein ins Wasser eingetauchter Körper scheinbar so viel an Gewicht verliert, wie die von ihm verdrängte Menge Wassers wiegt. Die Ursache dieser dem Gewicht des Körpers entgegengesetzten «Auftriebskraft» liegt in der Druckzunahme des umgebenden Wassers mit der Tiefe, die ihrerseits auf das Gewicht des Wassers zurückzuführen ist. Die auf die Unterseite des Körpers wirkenden Kräfte überwiegen daher die auf die Oberseite wirkenden Kräfte. Das ist leicht auch so zu verstehen: Würde man den Körper herausnehmen und durch das von ihm verdrängte Wasser ersetzen, bliebe dieses Wasser selbstverständlich im umgebenden Wasser schweben.

Um die Bewegung des Tauchers bequem kontrollieren und auch den Druck p_0 in der Luftblase unter dem Pfropfen messen zu können, haben wir einen 40 cm hohen Standzylinder mit einem Manometer

(Meßbereich 1 bar) und einem Schlauch mit Gummiball versehen. Der Taucher schwimme nach der vorangegangenen Tarierung beim Anfangsdruck an der Oberfläche. Nach kräftiger Erhöhung des Drucks p_0 beginnt er zu sinken. Um ihn in der gewünschten Tauchtiefe x zum Stillstand zu bringen, verringern wir den Druck wieder und regeln ihn so lange mit dem Gummiball ein, bis der Taucher (augenscheinlich) zur Ruhe gekommen ist. Der Augenschein trügt: Wenn wir den Taucher nur kurze Zeit außer acht lassen, versucht er, sich aus dem Staube zu machen; man muß fortwährend am Gummiball regeln, um ihn in der Nähe einer gewünschten Position zu halten. «Regeln» heißt, laufend die Position des Tauchers mit der Soll-Position zu vergleichen und die Auswanderung durch Druck auf den Gummiball zu korrigieren. Der cartesianische Taucher verhält sich ähnlich wie ein Fisch mit einer Schwimmblase. Dessen natürliche Schwimmtiefe, in der Gewicht und Auftriebskraft genau im Gleichgewicht stehen, ist eine mechanisch «instabile» Lage: Gerät der Fisch unversehens ein Stück nach oben, wo der Umgebungsdruck kleiner ist, dehnt sich die Schwimmblase aus und sorgt für eine Vergrößerung der Auftriebskraft, die den Fisch immer weiter nach oben beschleunigt. Wenn er nicht durch Flossenschlag gegensteuert, wird er bis an die Oberfläche getragen. Gerät der Fisch andererseits zu tief, wird seine Schwimmblase infolge des höheren Umgebungsdrucks zusammengepreßt, und die Auftriebskraft wird kleiner als das Gewicht. Wenn der Fisch sich nicht anstrengt, zieht sein Gewicht ihn erbarmungslos immer weiter nach unten. Anders als der lebendige Fisch kann der cartesianische Taucher nicht aktiv zur Stabilisierung seiner Lage beitragen, wir müssen ihm helfen, indem wir den Druck p_0 an der Oberfläche regeln.

Beim Spielen mit dem Taucher könnte man überrascht sein, daß das Manometer höheren Druck anzeigt, je höher der Taucher sich im Glaszylinder aufhält (sofern er ganz untergetaucht ist). Der Manometerdruck ist für die Position unmittelbar unter der Wasseroberfläche etwa 0,03 bar höher als für die Position 30 cm tiefer, direkt über dem Boden des Standzylinders. Erinnern wir uns, daß wir den Druck kräftig steigern mußten, um den Taucher von der Oberfläche nach unten zu befördern! Was bei flüchtiger Betrachtung paradox erscheint, hat seine einfache Erklärung in der Hydrostatik. Wenn der Taucher (das ist der Glaskörper mit der Luftblase in seinem Innern – das eindringende Wasser wird nicht zum Taucher gerechnet) in irgendeiner Tauchtiefe x schwebt, muß er «kräftefrei»sein. Die Auftriebskraft muß dem Gewicht des Tauchers entsprechen (das ist im wesentlichen das Gewicht des Glaskörpers – die Luftblase wiegt kaum ein Tausendstel des Glases; ihr Gewicht kann guten Gewissens vernachlässigt werden). Das Gewicht bleibt unveränderlich, also muß der Taucher in jeder Tauchtiefe x im Gleichgewicht dieselbe Menge Wassers verdrängen – seine Luftblase muß immer gleich groß sein. Aus dem Boyle-Mariotteschen Gasgesetz schließt man weiter, daß der Druck p am Ort des ruhenden Tauchers immer der gleiche sein muß. Nun ist aber der Druck p gleich dem Druck p_0 an der Oberfläche, vermehrt um das Gewicht der Wassersäule der

Höhe x vom Einheitsquerschnitt – in eine einfache Formel gefaßt, sieht das so aus:

$$p = p_0 + \rho g x.$$

$\rho = 1\ g/cm^3$ ist die Dichte des Wassers, $g = 10\ m/sec^2$ die Schwerebeschleunigung. Da 10 m Wassersäule mit 1 bar drücken, rechnet man leicht nach, daß dem Höhenunterschied von 30 cm der schon genannte Druckunterschied von 0,03 bar entspricht.

Fische und Taucher: Lassen Sie mich noch einmal auf die Fische mit Schwimmblasen zurückkommen! Biologen haben sich im vorigen Jahrhundert darüber Gedanken gemacht, ob Meerestiere, die mit Schwimmblasen ausgestattet sind, wie zum Beispiel Tintenfisch und Kabeljau, Muskulatur an den Schwimmblasen haben, mit denen sie das Volumen ihrer Schwimmblase aktiv an jede Schwimmhöhe anpassen können. Der Physiologe Armand Moreau stellte 1876 fest, daß Fische ihre Schwimmblasen nicht durch Muskeln beeinflussen können. Aber Fische können auf andere Weise ihren Auftrieb regulieren: Sie können den Gasinhalt ihrer Schwimmblase ändern. Schwimmblasen, entwicklungsgeschichtlich Vorläufer der Lungen, haben stark durchblutete Wände, die das Gas absorbieren oder sezernieren. Hilft dieser Mechanismus den Fischen vielleicht bei der Auf- und Abwärtsbewegung? Auch das muß (jedenfalls für rasche Manöver) verneint werden. Physiologische Prozesse wie die Absorption und die Sekretion von Gasen laufen in Zeiträumen von Stunden und Tagen, aber nicht in Sekundenschnelle ab und können deshalb die Gefahr der mechanischen Instabilität nicht beheben. Wozu haben dann Fische überhaupt Schwimmblasen? Wir wissen es nicht, aber es liegt auf der Hand, daß ein Fisch um so mehr um sein Leben rudern muß, je weiter seine mittlere Dichte von der Dichte des Wassers abweicht. Vielleicht haben Sie selbst schon einmal versucht, mit einem Schwimmring oder einer anderen Schwimmhilfe unterzutauchen. Erinnern Sie sich, wie mühsam das war und wie schnell Sie wieder an die Oberfläche kamen? Es ist also vorteilhaft für einen Fisch, sich wenigstens ungefähr der Dichte seiner Umgebung anzupassen. Bei Tiefseefischen hat der Physiker und Chemiker Jean-Baptiste Biot schon 1803 festgestellt, daß das Gas in ihren Schwimmblasen weitgehend aus Sauerstoff besteht. Tiefseefische führen also ähnlich wie ein Sporttaucher die Sauerstoffflasche ihre Schwimmblase als Sauerstofftank mit sich.

Auch wir Menschen könnten uns das Gehen erleichtern, indem wir uns einen Teil unseres Gewichtes durch einen heliumgefüllten Tragballon abnehmen ließen. Leider müßte der Ballon reichlich groß sein, um im Wortsinn «ins Gewicht zu fallen». Sein Durchmesser müßte etwa 5 m betragen, weil die mittlere Dichte des menschlichen Körpers nahe bei der Dichte des Wassers liegt und Wasser siebenhundertmal dichter als Luft bei 1 bar Druck und 20° C ist. Auf einer Wanderung über den Schwarzwald habe ich mir vor Jahren überlegt, ob ich nicht wenigstens mein schweres Gepäck an einen Ballon hängen sollte. Es wurde mir aber sehr schnell klar, daß man die schönsten Wege mit einem solchen Monstrum von Ballon nicht laufen könnte.

Die Dichte des eigenen Körpers kann man bis auf wenige Prozent genau im Schwimmbad bestimmen: Atmen Sie ein und lassen Sie sich mit entspannten Gliedmaßen im Wasser treiben! Wenn Sie nicht zu schwere Knochen haben, hängen Sie an der Oberfläche. Atmen Sie nun aus, sinken Sie sofort bis auf den Grund des Schwimmbeckens. Also muß Ihre mittlere Dichte eingeatmet etwas unter, ausgeatmet etwas über der des Wassers liegen. Meine Körpermasse beträgt 65 kg, und ich nehme bei normalem Einatmen nicht mehr als 3 l Luft auf. Aus diesen Angaben läßt sich meine mittlere Dichte zwischen 0,95 und 1,05 g/cm^3 eingrenzen. Je kleiner Sie die Luftmenge zwischen Auftauchen und Untergehen werden lassen, desto genauer können Sie Ihre mittlere Dichte bestimmen.

Tauchdynamik: Zum tieferen Verständnis des Tauchvorgangs beim cartesianischen Taucher studieren wir seine Bewegungsgleichung. Der Taucher befinde sich in der Tauchtiefe x, vom Flüssigkeitsspiegel der Wassersäule im Standzylinder nach unten bis zum Schwerpunkt des Tauchers gemessen. Der obere Pegel der Wassersäule ändert sich zwar in Abhängigkeit vom Volumen V der Luftblase im Taucher, aber im Vergleich zur Koordinate x nur geringfügig (in der Größenordnung von 1 mm); wir sehen ihn deshalb als feste Bezugshöhe an. Die Zeit heißt wie üblich t; $\dot{x} = dx/dt$ ist die Geschwindigkeit (übergesetzte Punkte bedeuten allgemein Zeitableitungen).

Drei Kräfte bestimmen die Bewegung des Tauchers: sein (unveränderliches) Gewicht $G = (m_G + m)g$, die Auftriebskraft $A = (V_G + V)\rho g$ und der Strömungswiderstand W, von dem ohne genauere Untersuchung nur bekannt ist, daß er der Geschwindigkeit entgegengerichtet ist und mit ihr wächst und daß er in der Ruhe ($\dot{x} = 0$) verschwindet. Das wird durch die Schreibweise $W = -\, d(\dot{x})\dot{x}$ mit dem Widerstandskoeffizienten $d > 0$ zum Ausdruck gebracht. Wir müssen zulassen, daß der Widerstand wegen der Unsymmetrie des Tauchkörpers für die Aufwärtsbewegung ($\dot{x} < 0$) und die Abwärtsbewegung ($\dot{x} > 0$) verschieden sein könnte. Für den späteren Gebrauch werde schon jetzt angenommen, daß der Widerstandskoeffizient d bei kleinen Geschwindigkeiten $\dot{x}$ in der Grenze konstant wird. In den Formeln für G und A bedeuten m_G die Masse des Glaskörpers und m die (im Vergleich zu m_G sehr kleine) Masse der Luftblase im Taucher, V_G und V die Volumina des Glaskörpers bzw. der Luftblase; ρ und g sind Wasserdichte und Schwerebeschleunigung, wie weiter oben erklärt. Die Newtonsche Bewegungsgleichung lautet $(m_G + m)\,\ddot{x} = G - A + W$ oder, ausführlich geschrieben (unter Vernachlässigung von m gegen m_G):

$$m_G\ddot{x} + d\dot{x} = -\,\rho g V + (m_G - \rho V_G)\,g.$$

Die Zustandsänderungen in der Luftblase erfolgen vergleichsweise langsam (anders als zum Beispiel in Schallschwingungen) und daher annähernd isotherm (bei konstanter Temperatur). Deshalb gilt als thermische Zustandsgleichung des Gases das Gesetz von Boyle-Mariotte

$$pV = mRT = C \text{ (konstant)}$$

mit der (konstanten) Kelvintemperatur T; R ist die spezifische Gaskonstante für Luft. Mit Hilfe der thermischen Zustandsgleichung kann in der Bewegungsgleichung das Volumen V der Luftblase auf ihren Druck p zurückgeführt werden.

Die Bewegung des Tauchers wird durch den Druck $p_o = p_o(t)$ an der Oberfläche der Wassersäule gesteuert. Wie hängt der Druck p im bewegten Taucher bei der Tauchtiefe x mit dem Druck p_o zusammen? Im folgenden wird wie im hydrostatischen Gleichgewicht

$$p = p_o + \rho g x$$

vorausgesetzt. Die Bewegungsgleichung nimmt damit die folgende Form an:

$$m_G \ddot{x} + d\dot{x} = -\frac{\rho g C}{p_o(t) + \rho g x} + (m_G - \rho V_G)\, g.$$

Lassen Sie mich zwei Anmerkungen zur Voraussetzung der hydrostatischen Druckverteilung für den bewegten Taucher machen: Erstens ist $p_o + \rho g x$ der Druck in der Tauchtiefe x, das heißt voraussetzungsgemäß in der Höhe des Schwerpunkts S, die vom Pegel im Innern des Tauchers nach oben oder unten (je nach Größe des Tauchers um einige Millimeter bis zu einem Zentimeter) abweichen kann. Einem Zentimeter Wassersäule entspricht ein Druckunterschied von einem Millibar. Zweitens verzögert bei raschen Bewegungen des Tauchers das Ein- oder Ausströmen des Wassers die Einstellung des Gleichgewichts zwischen Innen- und Außendruck. Die Relaxationszeit des Druckausgleichs, die von der Länge und dem Querschnitt der Öffnung in der Flasche (bzw. des Schwanzrohrs des Glasteufelchens) sowie von der Zähigkeit des Wassers abhängt, beträgt größenordnungsmäßig eine Zehntelsekunde. Beide Druckdifferenzen werden im Rahmen der in diesem Aufsatz entwickelten einfachen Theorie vernachlässigt.

Ruhelagen: Wenn der Taucher in der Tauchtiefe $x = x^e$ ruht, also $\dot{x}$ und $\ddot{x}$ gleich Null sind, nimmt das Volumen V der Luftblase den Gleichgewichtswert

$$V = V^e = \frac{m_G}{\rho} - V_G$$

an, der nur von den Konstanten des Systems abhängt, also eine Eigenschaft der Anordnung ist. Die Dichte von Glas,

$$\rho_G = \frac{m_G}{V_G} = 2{,}5\ \mathrm{g/cm^3},$$

ist wesentlich größer als die Wasserdichte ρ. Damit der Taucher funktionieren kann, muß das Innenvolumen der Flasche größer als $V^e = (\rho_G/\rho - 1)V_G = 1{,}5\ V_G$ sein. Kleine dickwandige Flaschen sind als Taucher ungeeignet.

Zum Gleichgewichtsvolumen gehört der Gleichgewichtsdruck $p^e = C/V^e$, der ebenfalls durch die Parameter des Systems bestimmt ist. Gibt man noch den Wert $p_o = p_o^e$ des Druckes an der Oberfläche vor, kann man auch die p_o^e entsprechende Ruhelage bestimmen:

$$x^e = \frac{C}{(m_G - \rho V_G)\,g} - \frac{p_o^e}{\rho g}.$$

Die Gleichung gilt unter der Voraussetzung, daß der Taucher «schwebt», das heißt weder über die Oberfläche herausragt noch auf dem Boden aufliegt. Je tiefer der Taucher taucht (je größer x^e ist), desto niedriger ist der erforderliche Druck p_o^e, wie schon erwähnt wurde.

Die Natur verwirklicht nur Ruhelagen, die mechanisch «stabil» sind. Stabil ruht zum Beispiel eine Kugel auf dem Grunde eines Weinkelches. Die griechische Sage von Sisyphos, den die Götter für seine Ungerechtigkeit dazu verdammten, ein ungeheures Felsstück auf den Gipfel eines steilen Berges zu wälzen, von dem es unabwendbar wieder herabrollte, ist das älteste dokumentierte Beispiel einer mechanischen Instabilität. Um den Begriff «Stabilität» zu definieren, betrachtet man betragsmäßig «kleine» Abweichungen («Störungen») $\xi = x - x^e$ und $u(t) = p_o(t) - p_o^e$. Bleiben die Störungen für alle Zeit unter einer vorgegebenen Grenze, sofern die anfängliche Störung klein genug war, nennt man die Ruhelage stabil (andernfalls instabil oder labil).

Zur mathematischen Untersuchung der Stabilität entwickelt man die Glieder der Bewegungsgleichung bezüglich ξ und u in eine Taylorreihe, die man nach den linearen Gliedern abbricht. Eliminiert man die Gleichgewichtsbedingung, erhält man die lineare «Störungsgleichung»

$$\ddot{\xi} + \frac{d}{m_G}\dot{\xi} - \mu\rho\, g\xi = \mu u(t)$$

mit der Abkürzung

$$\mu = \frac{g(m_G - \rho V_G)^2}{m_G \rho C}.$$

Die Gleichgewichtslagen des sich selbst überlassenen Tauchers bei konstantem Druck p_o (d.h. $u(t) = 0$) sind instabil. Störungen $\xi(t)$ der Gleichgewichtslage $x = x^e$ oder $\xi = 0$ (Lösungen der Störungsgleichung mit der rechten Seite gleich Null) wachsen exponentiell an. Ohne die Differentialgleichung zu lösen, erkennt man das an dem Minus-Vorzeichen vor dem zu ξ proportionalen Glied auf der linken Seite der Gleichung. Dieses Glied stellt eine Kraft (pro Masseneinheit) dar, die den einmal aus der Ruhelage ausgewanderten Taucher immer weiter von der Ruhelage wegzuziehen sucht. Der Taucher bleibt nicht von selbst an seinem Platz. Um ihn in der Nähe einer gewünschten Position zu halten, muß man den Druck $p_o(t)$ vermöge der Steuerfunktion $u(t)$ laufend nachregeln. Man sieht an der Gleichung, daß man den Druck steigern muß ($u > 0$), um den Taucher nach unten zu beschleunigen ($\ddot{\xi} > 0$).

Steuern und Balancieren: Die Steuerung des Tauchers erfolgt in einem Regelkreis, der den Menschen als «Rückkopplung» einschließt. Die Person, die mit dem Taucher spielt, vergleicht laufend den Ort $\xi(t)$ und die Geschwindigkeit $\dot{\xi}(t)$ (Ist-Zustand) mit $\xi = 0 = \dot{\xi}$ (Soll-Zustand) und richtet danach ihre Steuerung $u(t)$. Der Mensch als Regler ist schwer in mathematische Formeln zu fassen. Ein vernünftiger Regler verkleinert den Druck ($u < 0$), wenn der Taucher nach unten auswandert ($\xi > 0, \dot{\xi} > 0$), und ist bemüht, die Abweichungen zu korrigieren, solange sie betragsmäßig noch klein ($|\xi| \ll x^e, |\dot{\xi}| \ll \sqrt{gx^e}$) sind. Ein solcher Regler kann durch eine lineare Reglerfunktion

$$u(t) = -\alpha\xi(t) - \beta\dot{\xi}(t)$$

mit zwei positiven Konstanten α und β beschrieben werden, mit der die Störungsgleichung in die Gleichung einer gedämpften Schwingung übergeht, sofern $\alpha > \rho g$ ist:

$$\ddot{\xi} + \left(\frac{d}{m_G} + \beta\mu\right)\dot{\xi} + \mu(\alpha - \rho g)\xi = 0.$$

Diese Art der Regelung macht die Ruhelage $\xi = 0$ «asymptotisch stabil». Der Taucher wandert also in einer stark gedämpften Schwingung in die Ruhelage zurück. Die Stabilitätsgrenze $\alpha = \rho g$ beträgt ein Zehntel bar pro Zentimeter und ist beim cartesianischen Taucher ohne große Kraftanstrengung zu erreichen. Der Ansatz ist nicht nur formal plausibel, sondern auch physikalisch einleuchtend: Der zu ξ proportionale Anteil der Reglerfunktion stellt eine Kraft dar, die den Taucher wie eine elastische Feder mit linearer Kennlinie an die Ruhelage $\xi = 0$ bindet. Der zu $\dot{\xi}$ proportionale Anteil wirkt sich wie eine zur Geschwindigkeit proportionale Reibungskraft aus.

In dem angenommenen mathematischen Modell reagiert der menschliche Regler simultan (ohne Verzögerung) auf die beobachteten Abweichungen des Zustands vom Sollwert. Das kann nur dann richtig sein, wenn der Taucher, gemessen an der Reaktionszeit des Menschen, langsam aus seiner Ruhelage auswandert. Für eine große Zahl technischer Regelungen ist der Mensch zu träge. Lassen Sie mich das an einer Analogie verdeutlichen, die unserer Erfahrung näher liegt! Im Rahmen der Theorie kleiner Störungen ist die Steuerung des Tauchers mit dem Balancieren eines Stabes vergleichbar, anders gesagt: mit der Steuerung eines aufrecht stehenden Pendels durch horizontale Bewegung seines Fußpunkts. Die Bewegungsgleichung des Balancierproblems lautet für kleine Neigungswinkel φ und kleine Horizontalbeschleunigungen $\ddot{x}_o$ des Fußpunkts A:

$$\ddot{\varphi} - \frac{Mg\ell}{J}\varphi = -\frac{M\ell}{J}\ddot{x}_o.$$

Darin bedeuten M die Masse des Stabes und J sein Trägheitsmoment in bezug auf den Fußpunkt A, ℓ den Abstand des Schwerpunkts S vom

Fußpunkt A. Die Gleichung ist (bis auf das Fehlen des Widerstands, der beim Balancierproblem unerheblich ist) in allen Einzelheiten der Störungsgleichung für den Taucher analog. Ob ein Mensch einen Stab balancieren kann, hängt unter anderem von seiner Reaktionszeit («Schrecksekunde») ab. Einen Bleistift vermag ich nicht zu balancieren, weil er, gemessen an meinem Reaktionsvermögen, «zu schnell umfällt». (Ich bewundere Varietékünstler, die mir darin weit überlegen sind.) Ein Maß für die Geschwindigkeit, mit der ein zu balancierender Stab umfällt, ist die Zeitkonstante

$$\tau = \sqrt{\frac{J}{Mg\ell}},$$

deren reziprokes Quadrat auf der linken Seite der Gleichung als Faktor vor φ steht. Für einen geraden, zylindrischen Stab der Länge L gilt $J = ML^2/3$ und $\ell = L/2$ und daher $\tau = \sqrt{2L/3g}$. Bei einem Bleistift (L = 20 cm) beträgt τ etwa eine Zehntelsekunde, für einen Zweimeterstab, den man mit einiger Mühe balancieren kann, schon das Dreifache. Die entsprechende Zeitkonstante $\tau = \sqrt{m_G C / g\,(m_G - \rho V_G)}$ beim cartesianischen Taucher nimmt für typische Werte der Parameter (m_G = 1,5 g, $C = pV = 1\ \text{bar} \cdot 1\ \text{cm}^3 = 10^6\,\text{gcm}^2/\text{s}^2$) den Wert 1,4 s an, was beim Balancierproblem einem Stab von 28 m Länge entsprechen würde. Cartesianische Taucher lassen uns also genügend Zeit, sie unter Kontrolle zu halten.

Slinky und das Problem des Dottore Spizzichino

Eine Geburtsurkunde: Die US-Patentschrift Nr. 2.415.012 vermerkt das Datum des 28. Januar 1947. In dem Dokument beschreibt Mr. R. T. James, Erfinder und Unternehmer, mit einer im Patentwesen ungewöhnlichen Sachkenntnis die weichen, elastischen Zugfedern, die sich wie metallene Würmer wellenartig bewegen und schiefe Ebenen und Treppen abwärts gehen können. Alle möglichen Spielarten des Spielzeugs sind in Mr. James' Zeichnungen vorweggenommen, allerdings noch nicht der Wettlauf eines Slinkys mit einer Kette im freien Fall, das Spizzichino-Problem, das im folgenden vorgestellt wird.

«Toys in Space»: Seine größte Popularität gewann das Slinky zusammen mit anderen physikalischen Spielzeugen wie Jojos und Darda-Autos 1985 als Passagier der amerikanischen Raumfähre «Discovery» beim Unternehmen «Spielzeuge im Weltraum» der NASA. Die beiden Astronauten Rhea Seddon und Jeffery Hoffman konnten nichts Außergewöhnliches am Slinky unter «zero gravity» beobachten. Das war auch nicht zu erwarten. Für seine oft gezeigten Bewegungen die Treppe oder eine schiefe Ebene hinunter braucht das Slinky die Schwerkraft. Die Ruheformen des Slinky bei «Schwerelosigkeit» (genauer: bei Gleichgewicht der Schwerkraft mit der «Trägheitskraft» im Bezugssystem des Raumlabors) sind aber bekannt, so die

«Elastica», die der berühmte Schweizer Mathematiker Leonhard Euler schon 1744 studierte. Vielleicht hätte ich den Astronauten mein überlanges 25-cm-Slinky auf die Reise mitgeben sollen. Es ist auf der Erde nicht recht zu gebrauchen und hätte möglicherweise im Orbit etwas Unerwartetes vollbringen können.

Das Spizzichino-Problem: Ein Slinky und eine Kette gleicher Masse M sind unmittelbar über den beiden Schalen einer Balkenwaage aufgehängt, wie die Zeichnung verdeutlicht. Man gibt der Kette dieselbe Länge L, die das unter seinem Eigengewicht gedehnte Slinky hat, um eine belanglose Fallunterscheidung zu vermeiden. Durchtrennt man den Verbindungsfaden (am besten mit einem Feuerzeug), fallen Slinky und Kette frei auf die Waage. Welche Waagschale senkt sich zuerst?

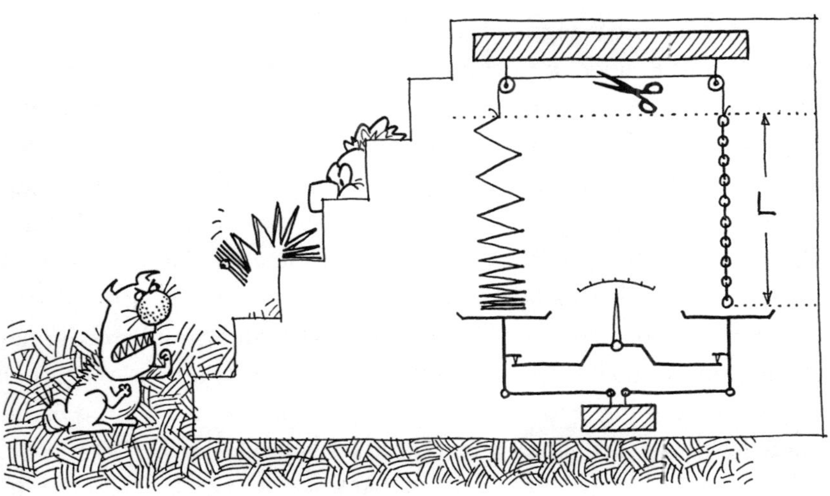

Heuristische Lösung: Ehe ich eine formale Lösung des Spizzichino-Problems angebe, fordere ich den Leser auf (auch wenn er noch nie ein Slinky in der Hand hatte), eine Voraussage über den Ausgang des Wettlaufs Slinky gegen Kette zu wagen. Das einfachste Denkmodell, zwei Kugelpaare gleicher Masse, das eine mit einem Gummifaden, das andere mit undehnbarer Schnur verbunden, führt Sie vielleicht auf die richtige Lösung. – Es ist klar, daß sich nach dem Durchtrennen des Haltefadens (dessen Masse außer acht bleiben kann) die Schwerpunkte von Kette und Slinky im freien Fall bewegen. Die Frage ist aber, welche Kräfte auf die Waagschalen wirken. Um darauf Antwort zu geben, muß man auch die Relativbewegungen zum jeweiligen Schwerpunkt kennen. Es ist einfacher, zur Beschreibung des Vorgangs im Laborsystem zu bleiben. Im Vergleich zum Slinky haben die Glieder der Kette so große Steifigkeit, daß sie als Starrkörper angesehen werden können. Die Entlastung des oberen Endes teilt sich daher augenblicklich der ganzen Kette mit, die frei nach unten fällt und zunehmend auf die Waage drückt. Im Slinky braucht die Entlastungswelle, angenommen, sie läuft mit der Geschwindigkeit c elastischer Dehnwellen in der Feder, die Zeit ℓ/c (größenordnungsmäßig eine halbe Sekunde), ehe sich das untere Ende der Feder in Bewegung setzt und die Waagschale belastet. Die genauere Untersuchung wird zeigen, daß die Wellenfront mit höherer Geschwindigkeit als c läuft und das Slinky daher seine Waagschale etwas früher erreicht. Jedenfalls gewinnt die Kette das Rennen mit sicherem Vorsprung. Der Vorgang läuft allerdings für das menschliche Auge zu rasch ab. Eine Hochgeschwindigkeits-Kamera kann ihn mit etwa 200 Bildern pro Sekunde leicht sichtbar machen. In den folgenden Abschnitten werden die Kraft der Kette auf die Waage, die Statik des hängenden Slinkys sowie der freie Fall des Slinkys in der «technischen» Näherung berechnet, in der die elastische Feder als eindimensionales, unter Zugkräften linear-elastisches Kontinuum beschrieben wird (vgl. die Bemerkungen zur Schraubenfedermechanik). Dabei bleibt die Frage offen, wie die elastischen Wellen der Dehnung, Biegung und Torsion in dem gewendelten Draht, die viel schneller durch das Slinky laufen als die eindimensionale Dehnwelle, sich nach wiederholter Reflexion an den freien Enden der Feder asymptotisch zu dem Wellenmuster der technischen Theorie ordnen.

Slinky-Geheimnisse: Das Slinky ist eine extrem weiche Schraubenfeder, die sich bei Dehnung linear-elastisch verhält und sich nicht stauchen läßt. Im Zustand maximaler Dichte (= Masse pro Länge), in dem sich benachbarte Windungen berühren, habe die Feder die Länge ℓ, der Wert der Dichte ist $\rho_0 = M/\ell$. In der gedehnten Feder hängt die lokale Dehnung ε mit der Dichte ρ durch die Gleichung $\rho(1+\varepsilon) = \rho_o$ zusammen. Falls das Slinky nicht vorgespannt ist, was in der Regel zutrifft, erfüllt die Kraft σ bei Zug ($\sigma > 0$) das Hookesche Gesetz: $\sigma = k\varepsilon$. Die Federsteifigkeit k (die Kraft, die die Feder auf ihre doppelte Länge dehnt) hat kaum $1/100$ des Wertes technischer Zug-Druck-Federn gleicher Dichte. Die an der Feder im ungedehnten Zustand gemessene Ausbreitungsgeschwindigkeit $c = (k/\rho_o)^{1/2}$ von Dehnwellen ist daher so klein (bei typischen Slinkys von der Größenordnung 10 cm/s), daß das menschliche Auge den Wellenbergen und Wellentälern (Verdichtungen und Verdünnungen) bequem zu folgen vermag. Das macht das Slinky zu einem anregenden Spielzeug und einem preiswerten Demonstrationsmittel für die Wellenausbreitung in elastischen Medien.

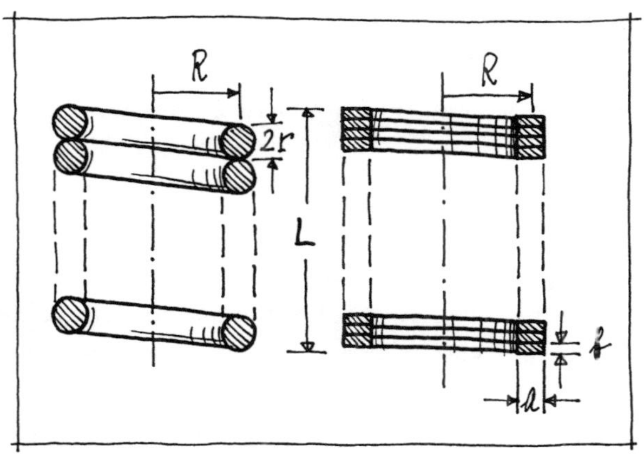

Die Feder aus rechteckigem Draht: Das Geheimnis des Slinkys liegt in seinem Draht, der von flachrechteckigem Querschnitt ist im Gegensatz zu den kreisrunden Drähten, aus denen technische Zug-Druck-Federn gewickelt werden. Man entdeckt es beim Vergleich der Federsteifigkeiten $k_\square$ und $k_\bigcirc$ zweier Schraubenfedern aus Rechteck- und Kreisdraht, die sowohl gleiche Masse M, gleiche Länge ℓ und gleichen Spulenradius R haben als auch aus demselben elastischen Material (z. B. Stahl oder Bronze) bestehen. Um die genannten Bedingungen zu erfüllen, müssen der Radius r des Kreisdrahts und die Breite a des Rechteckdrahts der Gleichung $\pi r = 2a$

genügen (r und a werden als klein im Vergleich zu R vorausgesetzt). Die Dicke b des Rechteckdrahts legt dann das Verhältnis der Windungszahlen $n_\square$ und $n_\bigcirc$ der beiden Schraubenfedern fest:

$$\frac{n_\square}{n_\bigcirc} = 2\left(\frac{\pi}{2}\frac{b}{a}\right)^{-1} \approx 1{,}3\left(\frac{b}{a}\right)^{-1}.$$

Aus der Technischen Mechanik (genauer: der Saint-Venantschen Theorie der Torsion) leitet man das Verhältnis der entsprechenden Federsteifigkeiten $k_\square$ und $k_\bigcirc$ ab:

$$\frac{k_\square}{k_\bigcirc} = \frac{\beta}{2}\left(\frac{\pi}{2}\frac{b}{a}\right)^{4}.$$

Darin ist β eine Funktion von b/a, die für $b/a = 1$ (quadratischer Querschnitt) ungefähr den Wert 0,14 hat und für $b/a \to 0$ dem Grenzwert 1/3 zustrebt. Der Exponent 4 macht deutlich, wie klein sich die Federsteifigkeit k des Slinkys mit flacher werdendem Rechteckquerschnitt machen läßt und wie langsam dann Dehnwellen in der Feder laufen.

Der Fall der Kette: Die Bewegung der Waage, sofern Kette oder Slinky sie belasten, soll gegen die Bewegung der Kette vernachlässigbar klein bleiben. Die Kette ist so feingliedrig, daß sie als flexibler Faden der konstanten Massendichte $\rho = M/L$ beschrieben werden kann. Nach der Entlastung des oberen Endes fällt die Kette im freien Fall mit der Geschwindigkeit $\dot{s} = (2gs)^{1/2}$, worin s die bis zur Zeit t durchfallene Strecke und der Punkt die Zeitableitung bedeuten. Die zeitabhängige Kraft $F(t)$, die die Kette auf die Waagschale ausübt, setzt sich aus zwei Anteilen zusammen: dem Gewicht mg der abgeladenen Kettenmasse $m = \rho s$ und dem Impulsstrom $\dot{m}\dot{s}$: $F = mg + \dot{m}\dot{s} = \rho gs + 2\rho gs = 3Mgs/L$. Der Impulsanteil ist in jedem Augenblick doppelt so groß wie der Gewichtsanteil, während die Belastung der Waagschale auf der Kettenseite von null bis zum dreifachen Kettengewicht anwächst. Wegen $s = gt^2/2$ wächst die Kraft mit der Zeit quadratisch an, in dimensionsloser Form, bezogen auf das Gewicht der Kette: $F(t)/Mg = 3gt^2/(2L)$. Für eine Kette von $L = 60$ cm Länge beträgt die Kraft nach 0,1 s schon ein Viertel ihres Gewichts. Das Slinky müßte sich sehr beeilen, der Kette zuvorzukommen.

Das hängende Slinky: Die Fallbewegung des Slinkys hängt von der Verteilung der Spannkraft σ und der Dehnung ε im hängenden Slinky ab. Es genügt, σ und ε als Funktion einer körperfesten (materiellen) Koordinate zu kennen, wofür der Abstand ξ vom oberen Ende des ungedehnten Slinkys (Länge ℓ) gewählt werde. Die Spannkraft $\sigma(\xi)$ in der unter ihrem Eigengewicht gedehnten Feder ist gleich dem Gewicht des unterhalb von ξ hängenden Teiles: $\sigma = \rho_0 g(, - \xi)$. Mit dem Hookeschen Gesetz folgt daraus die Dehnung $\varepsilon = \sigma / k = \rho_0 g(\ell - \xi)/k$.

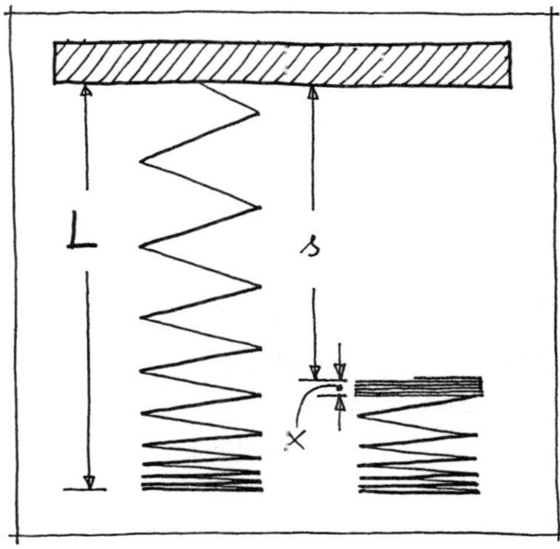

Das fallende Slinky: Nach dem Loslassen des Slinkys läuft eine unstetige Entlastungswelle, ein «Verdichtungsstoß», nach unten, der das gedehnt hängende Slinky in den Zustand größter Dichte ($\varepsilon = 0$, $\rho = \rho_0$) bringt. Benachbarte Windungen des Slinkys erleiden dabei einen unelastischen Zusammenstoß, in dem überschüssige Energie dissipiert wird. Vor der Wellenfront ist das hängende Slinky noch in Ruhe. Wenn der Fallweg des oberen Endes mit s, die Länge des entstandenen «Blocks» mit X bezeichnet wird, wächst der Slinky-Block mit $\dot{X}$, das heißt die Wellenfront läuft mit der räumlichen Geschwindigkeit $\dot{s} + \dot{X}$ in das ruhende Slinky hinein. Da der Block ebensoviel Masse der Dichte ρ_0 gewinnt, wie er von der hängenden Feder der örtlichen Dichte ρ einsammelt, gilt die Massenbilanz $\rho_0 \dot{X} = \rho(\dot{s} + \dot{X})$ oder $\dot{s} = \varepsilon \dot{X}$.

Der Block der momentanen Masse $m = \rho_0 X$ wird durch sein Gewicht mg und die Zugkraft $\sigma = \rho_0 g(, - X)$ an seiner Unterseite beschleunigt sowie durch neu aufgenommene, vorher ruhende Masse gebremst. Die Bewegungsgleichung lautet $m\ddot{s} = mg + \sigma - \dot{m}\dot{s}$ oder $(X\dot{s})^{\cdot} = g\ell$. Nach Integration unter der Anfangsbedingung $X(0) = 0$ und Einsetzen von $\dot{s}$ und ε erhält man die Differentialgleichung $(\ell - X)X\dot{X} = k\ell t / \rho_o$. Nochmalige Integration und Auflösung nach t liefert die Laufzeit der Welle:

$$t = \frac{X}{c}(1 - \frac{2}{3}\frac{X}{\ell})^{1/2}.$$

Die Welle hat das untere Ende des Slinkys erreicht, wenn $X = \ell$ ist:

$$t_\ell = \frac{1}{\sqrt{3}}\frac{\ell}{c}.$$

Für ein Slinky der Länge $\ell = 5$ cm mit einer Wellengeschwindigkeit von $c = 10$ cm/s dauert der Vorgang $t_\ell = 0{,}3$ s. Dann allerdings schlägt der ganze Slinky-Block auf die Waagschale. Die am hinteren Ende gemessene Geschwindigkeit des Blocks

$$\dot{s} = \frac{g\ell}{c}(1 - \frac{2}{3}\frac{X}{\ell})^{1/2}$$

nimmt beim Fall monoton ab und beträgt im Aufschlag $g\ell / c\sqrt{3}$, für dieses typische Slinky etwa 3 m/s. Die Wellenfront läuft mit wachsender, «überkritischer» Geschwindigkeit

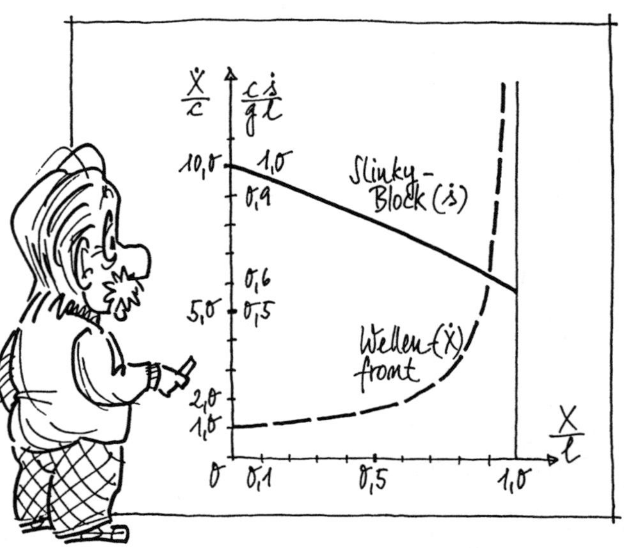

$$\dot{X} = c\,\frac{(1-\frac{2}{3}\frac{X}{\ell})^{1/2}}{1-\frac{X}{\ell}} \geq c,$$

die für $X \to \ell$ mit verschwindender Dehnung ε über alle Grenzen wächst. Die Front der Welle wird peitschenschlagähnlich beschleunigt, während der entstandene Slinky-Block (anders als beim freien Fall) fast um die Hälfte seiner anfänglichen Geschwindigkeit langsamer wird.

Die Lösung dieses Problems habe ich 1986 publiziert (*Slinky zum 40. Geburtstag*. Phys. Blätter *42*, 1986, 407–408; *Ode to Slinky on its Birthday*. The Science Teacher, Oktober 1987, 25–28). Offensichtlich unabhängig davon wurde die gleiche Lösung einige Jahre später noch einmal entdeckt (M.G Caltin: *On the motion of a falling spring*. Amer. J. Phys. *61*, 1993, 261–264).

Ein durstiger Vogel

Eine ungewöhnliche Vogelart: Die Spezies ist nicht weniger vom Aussterben bedroht als andere seltene Vögel auf der Welt. Obwohl die größten Vertreter dieser Art vom Kopf bis zum Schwanz kaum mehr als 20 cm messen, keine Nester räubern und, soweit ich weiß, noch niemandem jemals Schaden zugefügt haben, halten Behörden sie für gefährlich und möchten sie vielleicht sogar für die Zerstörung der überlebenswichtigen Ozonschicht der Erde mitverantwortlich machen.

Ich begegnete dem possierlichen gläsernen Vogel zum ersten Mal als junger Student im Foyer eines Physikalischen Instituts. Dort stand er, einen gelben Zylinder auf dem Kopf, mit keck aufgerichteter bunter Schwanzfeder leicht vornübergeneigt zwischen altehrwürdigem wissenschaftlichem Gerät in einem Schaukasten wie in einem gläsernen Käfig. Er hielt die Augen starr auf ein gefülltes Wasserglas gerichtet, in das er mit pedantischer Gewissenhaftigkeit alle 24 Sekunden seinen Schnabel tauchte. Auf den ersten Blick erschienen mir die regelmäßigen Verbeugungen des Glasvogels mit der leuchtend roten Flüssigkeit in seinem Innern ganz und gar rätselhaft. Es war weder jemand in der Nähe, der sich um den Vogel kümmerte, noch konnte ich einen Antrieb erkennen, der mir die Bewegung verständlich gemacht hätte. Woher bezog der durchsichtige Mechanismus die Energie, die er zweifellos zu seinem Betrieb brauchte?

Bei genauerer Beobachtung sah ich, wie die rote Flüssigkeit dem seltsamen Vogel in seinem überlangen Hals langsam zu Kopfe stieg, wie

er, kopflastig geworden, sich neigte, zuerst zögernd, allmählich rascher, bis er fast in der Horizontalen eine Weile am Anschlag zur Ruhe kam. Während der Vogel seinen Schnabel mit Wasser benetzte, floß die rote Flüssigkeit durch seinen Hals zurück und (was dasselbe bedeutet) wanderte eine große Blase in der Gegenrichtung zum Kopf. Sogleich pendelte der Vogel in die aufrechte Lage zurück, und die Flüssigkeit im Hals fing wieder an zu steigen…

Ein Perpetuum mobile? Ein unkritischer Betrachter könnte den Trinkvogel für ein Perpetuum mobile halten (genauer: ein p.m. *erster Art*, eine hypothetische Maschine, die angeblich mechanische Arbeit ohne Gegenleistung, also zum «Nulltarif» liefert). Das Spielzeug ist aber eine echte Wärme-Kraft-Maschine, die sich von ihren großen Verwandten wie der Dampfmaschine, dem Dieselmotor oder dem Ottomotor weniger durch ihr ungewöhnliches Funktionsprinzip als durch einen äußerst kleinen «Wirkungsgrad» und eine kaum nennenswerte Nutzleistung unterscheidet.

Man kann den Trinkvogel sogar als eine originelle Spielart der Dampfmaschine beschreiben, deren Arbeitszylinder ein Glasrohr (der Hals des Vogels) ist, das vom «Kondensator» (Kopf und Schnabel) bis weit in den «Dampfkessel» (den Hinterleib) hineinreicht. Die rote Flüssigkeit hat beim Hochsteigen die Funktion des Arbeitskolbens und wirkt beim Rückströmen wie ein Verdrängerkolben, der Dampf aus dem Dampfkessel in den Kondensator schiebt. Die Energie zu ihrem Betrieb bezieht die Maschine bei Zimmertemperatur durch Wärmeleitung aus der Umgebungsluft. Nur ein verschwindend kleiner Teil davon wird in mechanische Arbeit umgesetzt, der weitaus größere Teil bei niedrigerer Temperatur am Schnabel als Abwärme wieder abgeführt. Um diesen Prozeß besser zu verstehen, muß man die Verdunstungskühlung am Schnabel, den Dampfantrieb im Innern und die Mechanik des Kippens genauer untersuchen. Doch wie hält es unser seltsamer Vogel mit dem zweiten Hauptsatz?

Ein Perpetuum mobile zweiter Art? Nach dem zweiten Hauptsatz der Thermodynamik (in der Form von Kelvin) ist es unmöglich, durch bloße Abkühlung eines einzelnen Körpers unter die kältesten Teile der Umgebung fortlaufend Arbeit zu erzeugen, anders ausgedrückt: Es gibt kein Perpetuum mobile der zweiten Art. Genau das ist aber offensichtlich der Trinkvogel, der nur dann als Wärme-Kraft-Maschine arbeitet, wenn sein Schnabel unter die Zimmertemperatur abgekühlt wird. Wie läßt sich der Widerspruch auflösen? Die Hauptsätze der Thermodynamik gelten in «abgeschlossenen Systemen», die während des Prozesses weder Masse aufnehmen noch abgeben. Zur Kühlung des Schnabels wird ständig neue Luft zugeführt, der Prozeß findet in einem «offenen System» statt. Würde man den Trinkvogel samt Wasserglas in einen dichten Kasten setzen, hörte er spätestens dann zu nicken auf, wenn die Luft im Kasten mit Wasserdampf gesättigt wäre.

Verdunstungskühlung: Wer je nach einem wohltuenden Bad frierend im Luftzug stand, kennt das Kältegefühl. Verdunstungskühlung erniedrigt die Temperatur auf der nassen Haut ebenso wie an dem feuchten Schnabel des Trinkvogels. Wie wirkt diese Kühlung, und bis zu welcher Temperatur kann sie den Schnabel unter die Zimmertemperatur kühlen?

Vorbeistreichende Luft nimmt am Schnabel flüssiges Wasser auf und führt es als Dampf mit sich fort. Der kurze Prozeß der Wasseraufnahme läßt der vergleichsweise langsamen Wärmeleitung keine Zeit, die zur Verdampfung der Flüssigkeit nötige Verdampfungswärme aus der Umgebung herbeizuschaffen. Der Vorgang findet vielmehr ohne äußere Wärmezufuhr statt (adiabater Prozeß). Die Luft muß die nötige Energie selbst aufbringen und kühlt sich dadurch ab. Da der Prozeß bei konstantem Druck stattfindet, der von der Wetterlage bestimmt ist, und da Wasserdampf mehr Raum einnimmt als flüssiges Wasser beim gleichen Druck, muß die Luft dem aufgenommenen Wasser nicht nur die zur Verdampfung benötigte innere Energie zuführen, sondern auch Ausdehnungsarbeit gegen den konstanten Druck leisten, insgesamt die Verdampfungsenthalpie (innere Energie plus isobare Ausdehnungsarbeit) liefern. Durch Verdunstungskühlung läßt sich der Schnabel höchstens bis zur Kühlgrenztemperatur (Feuchttemperatur) kühlen, die an der Sättigungsgrenze erreicht wird. Sie ist höher als die Taupunkttemperatur, bis zu der sich feuchte Luft durch Wärmeentzug ohne Änderung ihres Wassergehalts abkühlen läßt, ehe Nebel ausfällt oder kalte Oberflächen mit Wasser beschlagen. Die Temperaturabsenkung am Schnabel hängt von der Temperatur und vom Feuchtegrad der Kühlungsluft ab. In der Regel beträgt sie nur wenige Celsiusgrade. Übrigens funktioniert die Verdunstungskühlung besser, wenn man dem Vogel Alkohol statt Wasser ins Glas füllt. Er beeilt sich zu trinken, er wird «süchtig».

Dampfantrieb: Die Verdunstungskühlung bringt den Schnabel auf eine um wenige Grade niedrigere Temperatur (T_2) als den Bauch, dessen Temperatur ($T_1 > T_2$) etwa gleich der Zimmertemperatur ist. Die rote Flüssigkeit steht sowohl im Bereich des Kopfes als auch im Bauch mit einer Blase ihres Dampfes im thermischen Gleichgewicht, dort herrscht der jeweilige «Sättigungs-Dampfdruck» $p_s(T)$. Da der Sättigungsdampfdruck mit der Temperatur wächst, ist der Druck p_2 im Kopf niedriger als der Druck p_1 im Bauch. Der Überdruck $p_1 - p_2$ läßt die Flüssigkeit zum Kopf steigen – oder doch so hoch, daß der Druckunterschied mit dem Gewicht der Flüssigkeitssäule ins Gleichgewicht kommt ($\Delta p = p_1 - p_2 = \rho g \Delta h$; ρ Flüssigkeitsdichte, g Schwerebeschleunigung, Δh Steighöhe).

Durch den Anstieg der Flüssigkeit im Rohr vergrößert sich die Dampfblase im Bauch, dazu muß Flüssigkeit verdampfen. In gleichem Maß verkleinert sich die Dampfblase im Kopf, dort muß also Dampf rekondensieren. Zum Verdampfen wird am Hinterleib Energie zugeführt, im Kopf wird entsprechend bei der Kondensation Energie frei und durch die Luftkühlung vom Schnabel abgeführt. Den Transport der Verdampfungsenthalpie aus dem Bauch in den Kopf besorgen die Dampfblasen, die in der Nickphase in den Kopf steigen, während umgekehrt Flüssigkeit in den Bauch zurückfließt.

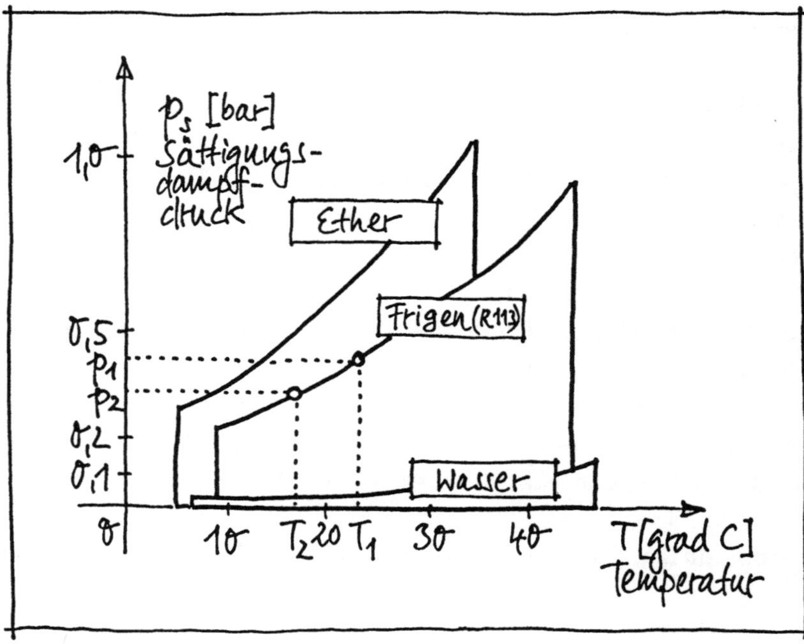

Damit der Trinkvogel bei Zimmertemperatur gut arbeitet, braucht man eine Arbeitsflüssigkeit, deren Sättigungsdampfdruck bei Temperaturen um die 20° C stark temperaturabhängig ist. Wegen seiner relativen Ungefährlichkeit nimmt man einen der (als Treibmittel für Kosmetika der Konsumgesellschaft mit Recht geächteten) Fluorkohlenwasserstoffe, zum Beispiel Trichlortrifluorethan ($C_2Cl_3F_3$), auch Frigen R113 genannt, für das die Steighöhe Δh pro ΔT Grad C Temperaturunterschied bei Zimmertemperatur ungefähr $\Delta h/\Delta T = \Delta p/\rho g \Delta T \sim 12$ cm/Grad beträgt. Dietylether (C_2H_5–O–C_2H_5) wäre mit $\Delta h/\Delta T \sim 43$ cm/Grad noch wirkungsvoller, ist aber zu gefährlich. Wasser ist als Arbeitsflüssigkeit ungeeignet.

Die Mechanik des Nickens: Es trifft nicht zu, daß beim Steigen der Flüssigkeit der Schwerpunkt über den Drehpunkt gehoben wird und der Körper, nach Art eines aufrechten Pendels, aus der instabilen Lage umkippt. Die langsame, behäbige Art, mit der der Vogel nickt, und das Zurückpendeln nach dem Befeuchten des Schnabels machen deutlich, daß der Schwerpunkt ständig unter dem Drehpunkt bleibt und der Körper (außer beim Zurückpendeln) eine Folge von Gleichgewichtslagen durchläuft.

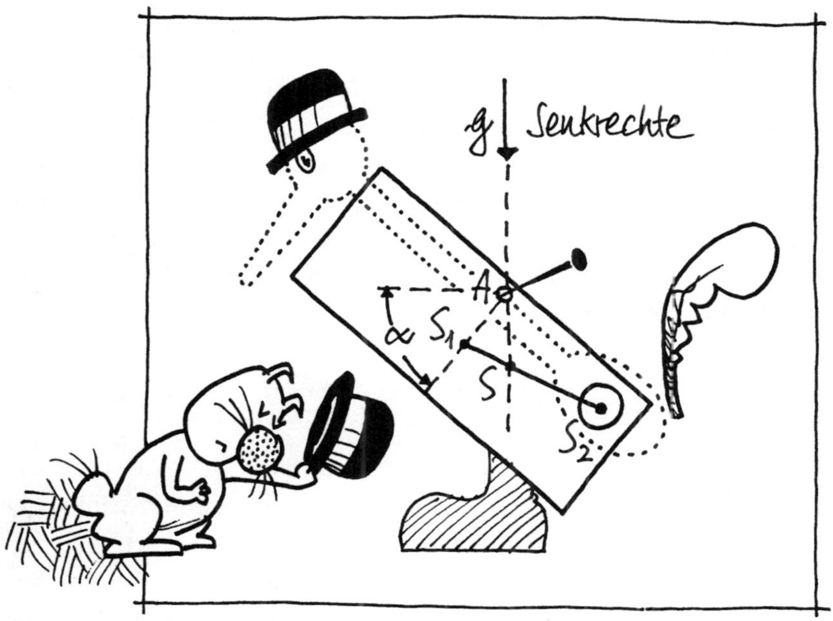

Man kann sich den Sachverhalt leicht an einem einfachen Modell erklären, in dem der Vogelkörper durch eine pendelnd aufgehängte Eisenplatte und die wandernde Flüssigkeitsmasse durch einen Büromagneten ersetzt sind. S_1 bzw. S_2 bezeichnen die Schwerpunkte der Platte und des Magneten. Ihr gemeinsamer Schwerpunkt liegt auf der Verbindungsgeraden von S_1 und S_2 und teilt sie im umgekehrten Verhältnis der Gewichte. Im Gleichgewicht hängt die Platte um den Winkel α schief, für den der Schwerpunkt S senkrecht unter dem Drehpunkt A liegt. Verschiebt man den Magneten (den Punkt S_2), läuft der Schwerpunkt *S* nach Maßgabe des Strahlensatzes mit. Dabei dreht sich die Platte: Der Nickwinkel α wächst um so rascher, je näher der Magnet dem Drehpunkt kommt. Beim Trinkvogel gibt es einen weiteren Grund für die Beschleunigung des Nickens mit dem Nickwinkel: Die Steighöhe des Flüssigkeitsfadens wird, wie wir wissen, vom Unterschied der Dampfdrücke im Kopf und im Bauch bestimmt, die Verschiebung des Schwerpunkts aber durch die Länge des Flüssigkeitsfadens, die bei gleicher Steighöhe um so größer ist, je tiefer der Vogel sich verneigt.

Leistung und Wirkungsgrad: Die mechanische Leistung (Nutzleistung) des Trinkvogels läßt sich durch die Arbeit abschätzen, die in einem Bewegungszyklus zur Hebung der Flüssigkeit aufgewendet wird. Wenn durch ρ_F die Dichte der Flüssigkeit bezeichnet wird (für das Frigen $\rho_F \sim 1{,}6$ g/cm^3), *r* der Innenradius des Glasrohrs ist und *h* die Höhe, um die sich der Flüssigkeitsspiegel hebt, ist $W = \pi r^2 h \rho_F g h/2$ die Hubarbeit pro Periode. Nickt der Vogel *n* mal in der Minute, läßt sich die Leistung durch

$$P = \pi r^2 h^2 \rho_F g n/2 \sim 10^{-4} \text{ Watt}$$

abschätzen ($r = 0{,}3$ cm, $h = 10$ cm und $n = 3$/min). Diese Leistung, die grundsätzlich für Nutzarbeit zur Verfügung steht, wird im Trinkvogel von den Verlusten durch Lager- und Luftreibung aufgezehrt.

Der viel größere Leistungsaufwand läßt sich zum Beispiel an der Menge des Wassers abschätzen, die der Vogel pro Minute am Schnabel verdunstet. Man muß den Vogel einen ganzen Tag arbeiten lassen, um die kleine Wassermenge durch Wägung einigermaßen genau bestimmen zu können. Das von der freien Oberfläche im Glas verdunstende Wasser kann dabei übrigens nicht vernachlässigt werden, läßt sich aber leicht mit einem zweiten Glas bestimmen. Unser Trinkvogel verdunstete bei 20° C etwa $\dot{m} \sim 10^{-2}$g/min. Mit Hilfe der Verdampfungsenthalpie des Wassers bei 20° C, $r = 2.250$ J/g, folgt daraus für den Leistungsaufwand $L = \dot{m}\, r \sim 0{,}4$ W. Das erscheint viel, wenn man bedenkt, daß die Energiezufuhr durch einen so langsamen Prozeß wie die Wärmeleitung geschieht.

Das Verhältnis der Nutzleistung P zum Leistungsaufwand L, das man den Wirkungsgrad η nennt, ergibt sich damit zu $\eta = P/L \sim 0{,}25 \times 10^{-3}$ oder einem viertel Promille. Das ist viel weniger als der Carnotsche Wirkungsgrad $\eta_c = 1 - T_2/T_1$, den eine Wärme-Kraft-Maschine, die zwischen der höchsten Temperatur T_1 und der niedrigsten Temperatur T_2 arbeitet, theoretisch erreichen kann (die Temperaturen sind in Kelvingraden, K, einzusetzen). Wenn für $T_1 = 295$ K (Zimmertemperatur 20° C) und für die Abkühlung am Schnabel $T_2 - T_1 = -3$ K angenommen wird, ergibt sich ein größter Wirkungsgrad von $\eta_c \sim 10^{-2}$ oder einem Prozent.

Man sieht: Der Trinkvogel ist zwar ein lustiges Spielzeug und ein lehrreiches physikalisches Experiment. Um ihn aber als thermische Arbeitsmaschine für technische Anwendungen einsetzen zu können, zum Beispiel für ein Bewässerungsprojekt in der Wüste, müßte man seine Leistung um Größenordnungen steigern.

Ein Loch in der Optik

Schwinkel: Alte Göttinger können sich noch an die Zeit erinnern, in der an der Georg-August-Universität die Nobelpreisträger Max Born und James Franck gemeinsam mit dem ideenreichen Experimentalphysiker Robert Wichard Pohl Physik lehrten und böse Zungen die Physikstudenten nach ihrer Institutszugehörigkeit in die Bornierten, die Franckierten und die Pohlierten einteilten. Damals gehörte es zu den vornehmen Aufgaben des Fachvertreters der experimentellen Physik, auch die angehenden Mediziner höchstpersönlich in die Anfangsgründe dieser Wissenschaft einzuweihen.

Wie schwer die Verständigung zwischen den Disziplinen sein kann, weiß jeder, der sich naturwissenschaftlichem Denken verpflichtet fühlt, sobald er sich einmal mit seinem Hausarzt über den Blutdruck unterhalten hat. Unzweifelhaft muß zwischen den beiden Druckwerten (dem systolischen und dem diastolischen), die der Arzt nach Anlegen einer Oberarmmanschette routinemäßig mißt, und dem Luftdruck der aktuellen Wetterlage, den die Meteorologen am Barometer ablesen, ein Zusammenhang bestehen, aber fragen Sie doch einmal Ihren Arzt danach!

Pohl erzählte gern Anekdoten über seine mündlichen Prüfungen der Medizinstudentinnen. Einmal stellte er einer Kandidatin im Physikum die Frage, was man bei einem optischen Instrument, zum Beispiel einer Lupe oder einem Mikroskop, unter der Vergrößerung verstehe. Ein Arzt, der gelegentlich mikroskopieren muß, sollte das wissen. Wie aus der Pistole geschossen kam die Antwort: «Schwinkel mit durch

Schwinkel ohne.» Da stutzte der Professor, und die Kandidatin, die die Ratlosigkeit in Pohls Gesicht geschrieben sah, beeilte sich zu erklären: «Das steht im Kollegheft meines Kommilitonen. Der hat es in Ihrer Vorlesung mitgeschrieben, Herr Professor.»

Lupe: Der Sehwinkel *w*, unter dem ein Gegenstand erscheint, hängt nicht nur von dessen Größe *G*, sondern auch von seinem Abstand *b* ab: $\tan w = G/b$. Diese Gleichung könnte man als die Grundlage der Perspektive bezeichnen. Will man einen Gegenstand größer, also unter größerem Sehwinkel, sehen, geht man näher zu ihm hin oder holt ihn sich näher heran. Dabei ist man nur bedingt erfolgreich. Das menschliche Auge kann ohne optische Hilfe nur in Grenzen akkommodieren, den Gegenstand durch Veränderung der Wölbung der elastischen Augenlinse mit Muskelkraft scharfstellen. Beim normalsichtigen Menschen ist die Ferngrenze der Anpassung die weite Ferne («unendlich»). Die Nahgrenze wächst mit dem Lebensalter, und zwar von etwa 10 Zentimeter in der Kindheit bis in den Meterbereich im vorgerückten Alter.

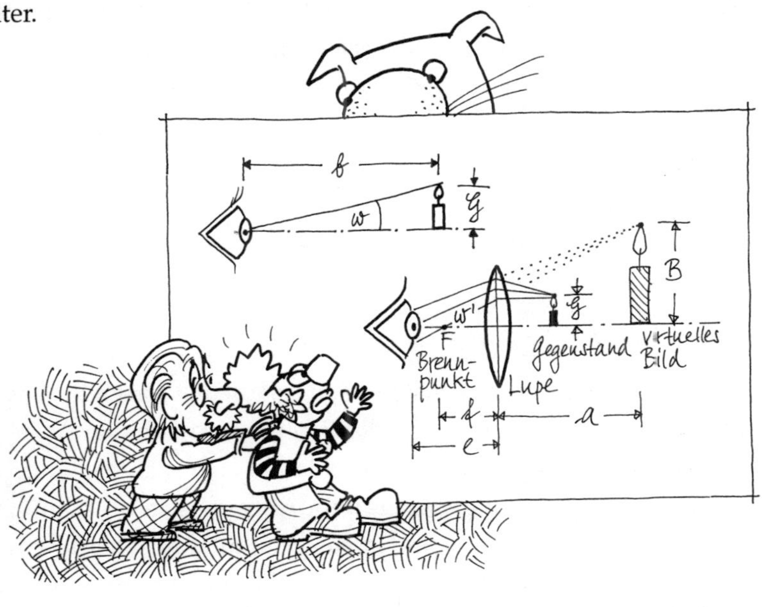

Mit einer Sammellinse als Lupe läßt sich der Sehwinkel vergrößern. Die Lupe im Abstand *e* vom Auge läßt im Abstand $a + e$ ein «virtuelles» Bild *B* erscheinen, für dessen Sehwinkel w' gilt

$\tan w' = B/(a + e)$. Das virtuelle (scheinbare) Bild wird vom Auge an dieser Stelle gesehen, während die Lichtstrahlen tatsächlich vom Gegenstand G kommen und von der Linse ins Auge gebrochen werden.

Die Vergrößerung V der Lupe ist nach Definition das Verhältnis der Tangenten der Sehwinkel,

$$V = \frac{\tan w'}{\tan w} = \frac{B}{G} \frac{b}{a+e},$$

(wohingegen Pohl definierte: «Sehwinkel mit durch Sehwinkel ohne Instrument»). Bei kleinen Sehwinkeln (oder «Schwinkeln»!), auf die sich die Theorie mit Rücksicht auf die Linsenfehler beschränkt, macht das kaum einen Unterschied.

Das Vergrößerungsverhältnis B/G, das von der Brechkraft der Lupe (gegeben durch ihre Brennweite f) und der Bildweite a abhängt, läßt sich aus dem Strahlengang ablesen. Dazu wird von den unendlich vielen Lichtstrahlen, die von einem Gegenstandspunkt (zum Beispiel von der Spitze der Kerzenflamme) in alle möglichen Richtungen ausgehen, der betrachtet, der parallel zur optischen Achse läuft. Er wird von der Linse per definitionem in den augenseitigen Brennpunkt F gebrochen. Nach dem Strahlensatz der Geometrie gilt daher

$$\frac{B}{G} = \frac{a+f}{f}.$$

Für die Vergrößerung der Lupe folgt daraus

$$V = \frac{a+f}{a+e} \frac{b}{f}.$$

Sie ist, wie man sieht, nicht konstant. Außer von der Brennweite f der Linse hängt sie von der Sehschärfe des Benutzers (durch den Abstand b) und der augenblicklichen Akkommodation seines Auges (auf die Entfernung $a + e$) ab, darüber hinaus vom Augenabstand e. Man wird sich deshalb fragen, was die vom Hersteller in die Lupenfassung gravierte Vergrößerungszahl, zum Beispiel «5fach», bedeute. Sie ist die auf die sogenannte «deutliche Sehweite» $b = 25$ cm bezogene Normvergrößerung N. Ihre Definition schließt außerdem ein, daß der Gegenstand durch die Lupe aus dem Brennweitenabstand $e = f$ beobachtet wird. Die

Bildweite a ist dafür unendlich groß, und es gilt $N = b/f$. Der Betrachter hat bei dieser Art der Benutzung der Lupe den Vorteil, den Gegenstand mit entspanntem, das heißt auf unendlich eingestelltem Auge scharf zu sehen. Eine Lupe «5fach» ist nach dieser Erklärung eine Linse mit der Brennweite $f = b/N = 25$ cm$/5 = 5$ cm.

Lochlupe: Nachdem ich lange erklärt habe, daß Lupe = Linse ist, behaupte ich jetzt, man könne bei der Lupe ganz auf die Linse verzichten. Das klingt paradox. Erinnern wir uns aber daran, daß wir den Sehwinkel vergrößern könnten, wenn es uns gelänge, den Gegenstand aus größerer Nähe scharf zu sehen. Dazu genügt eine feine Lochblende. Sie ist sogar eine recht scharf zeichnende Lupe. Ihr Bild ist allerdings so lichtschwach, daß der zu vergrößernde Gegenstand besonders hell beleuchtet sein muß. Ich habe mir eine handliche Lochlupe aus dem gewölbten Blechdeckel einer Verpackungsrolle gemacht, in den ich mit einer Stahlnadel ein Loch von etwa 0,6 mm Durchmesser hämmerte. Sie vergrößert etwa 8fach. Eine weniger robuste Lochlupe läßt sich in Sekundenschnelle aus einem Stück Aluminiumfolie herstellen, das sich in jedem Haushalt findet. Zur Benutzung halten wir die Lupe mit dem Loch ganz dicht vors Auge und gehen auf 3 bis 5 cm an das Objekt heran. Selbst Brillenträger können damit nahe am Fenster oder unter einer hellen Lampe ohne Brille die stark vergrößerte Zeitung lesen.

Die Wirkungsweise dieser Lupe läßt sich mit der Geradlinigkeit der Lichtausbreitung erklären. Daß es Lichtstrahlen gibt, muß jedem Kind auffallen, das helles Licht durchs Schlüsselloch in ein verdunkeltes Zimmer fallen sieht. Für mich verbindet sich diese Erfahrung mit der traumatischen Erinnerung, eine ganze Stunde Mittagsschlaf halten zu sollen, während draußen verlockend die Sonne schien. Der Lichtstrahl, genauer das vom Schlüsselloch ausgegrenzte Lichtbündel, wäre unsichtbar, wenn nicht der in der Luft schwebende Staub einen kleinen Bruchteil des Lichts zur Seite streuen würde. Seit damals weiß ich, wieviel Staub wir mit jedem Atemzug einatmen.

Das Loch dient gleichzeitig als Aperturblende (beim Fotoapparat die Blende schlechthin), die den Lichteinfall regelt, und als Gesichtsfeldblende (beim Fotoapparat die Maske des Bildes). Als Aperturblende schneidet sie aus dem Lichtbündel, das von einem Gegenstandspunkt ausgeht, ein schlankes Bündel heraus, dessen Öffnungswinkel $\alpha = d/g$ (d Lochdurchmesser, g Gegenstandsweite) so klein ist, daß das Auge die Lichtstrahlen auf der Netzhaut scharf abzubilden vermag. Auf der Netzhaut entsteht dabei ein auf dem Kopf stehendes Bild des Gegenstands.

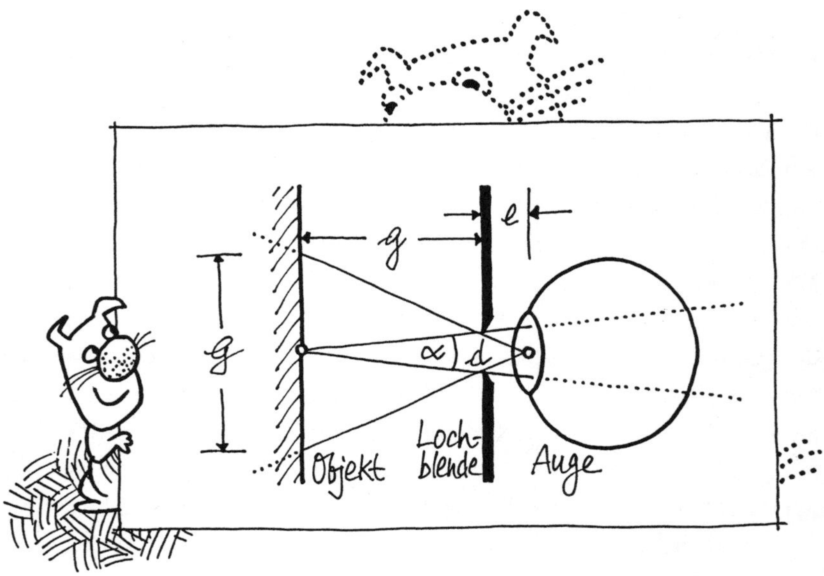

Als Gesichtsfeldblende begrenzt das Loch den Bildausschnitt, den der Betrachter im Blick hat. Damit das Auge trotz der Winzigkeit der Lochblende ein genügend großes Gesichtsfeld überblickt, muß man das Auge dem Loch bis auf wenige Millimeter nähern. Diese kleine Entfernung läßt sich schlecht messen. Man kann sie aber aus den übrigen zur Verfügung stehenden Daten ausrechnen. Wenn man bei einem Lochdurchmesser von $d = 0{,}6$ mm in der Gegenstandsweite $g = 30$ mm ein Gesichtsfeld von $G = 9$ mm Durchmesser feststellt, folgt aus dem Strahlensatz der Augenabstand

$$e = \frac{gd}{G - d} \approx 2 \text{ mm}.$$

Da sich die Sehwinkel (unter der Voraussetzung kleiner Winkel) umgekehrt verhalten wie die Abstände vom Auge, ist die zugehörige Vergrößerung der Lupe

$$V = \frac{b}{g+e} = \frac{250}{32} \approx 8\,.$$

In der Figur sind die Winkel viel zu groß dargestellt. Sie lassen sich auf dem Papier nicht maßstäblich zeichnen, weil die Längenabmessungen um etwa den Faktor 50 größer sind als die Querabmessungen. Durch zwei eng nebeneinanderliegende Löcher nimmt das Auge zwei sich überschneidende Bilder wahr wie bei Doppelsichtigkeit. Durch ein Raster von 0,6-Millimeter-Löchern in Abständen von etwa 3 mm läßt sich das Gesichtsfeld der Lochlupe wie zu einem Facettenauge vergrößern, sofern man an den Grenzen der Einzelbilder Lücken und Unverträglichkeiten in Kauf nimmt.

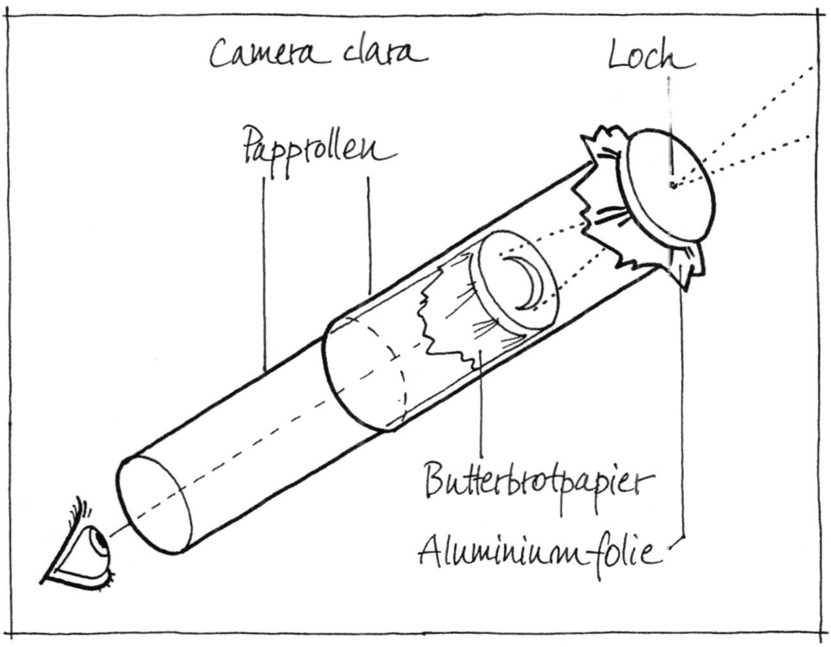

Camera clara: Ebensogut, wie man eine Glaslinse als Lupe oder als Objektiv einer einfachen Kamera verwenden kann, läßt sich das von einem kleinen Loch entworfene Bild auch auf einem Schirm auffangen. Auf diese Weise entsteht eine Lochkamera. Um das Auge bei der Beobachtung von der Helligkeit der Umgebung abzuschirmen, ist es nützlich, sie aus zwei dicht ineinander gleitenden Papphülsen zu bauen. Die Stirnfläche der äußeren Papprolle wird mit Aluminiumfolie überspannt, in die ein Loch von ungefähr $d = 0{,}5$ mm Durchmesser gestochen wird. Die Stirnfläche der inneren Papprolle überklebt man mit Pergament, das die Projektionsfläche bildet. Mit diesem einfachen Gerät können wir die Sonne oder andere starke Lichtquellen bequem abbilden und dabei die Bildweite in den Grenzen wählen, die der verschiebbare Tubus zuläßt. Leider ist die Kamera sehr lichtschwach, aber sie hat allen Kameras, die mit Linsen arbeiten, eines voraus: Ihre Tiefenschärfe ist unbegrenzt.

Camera obscura

Sonnenkringel: Während einer Sonnenfinsternis soll Aristoteles (384–322 v. Chr.) unter dem Blätterdach von Bäumen auf dem Erdboden zahlreiche umgekehrte Bilder der Sonnensichel entdeckt haben, die man zur gleichen Zeit mit geschütztem Auge am Himmel beobachten konnte. Als Ursache der Erscheinung erkannte der große Philosoph die kleinen Lücken, durch die Sonnenstrahlen zwischen den Blättern zur Erde gelangen. Er verstand auch, daß die Bilder auf dem Kopf standen, weil die Sonnenstrahlen durch jedes Loch einen Doppelkegel bildeten und die Abbildung daher eine Zentralspiegelung

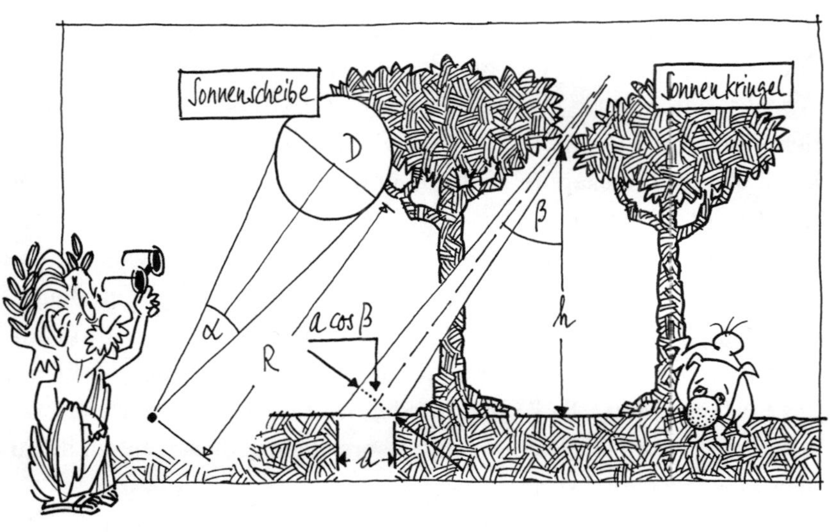

an der Lochblende darstellte. Aristoteles konnte sich aber nicht erklären, warum alle Bilder der (vom Schatten des Mondes verkleinerten) Sonne einander gleich sahen, wie unregelmäßig auch die Löcher berandet waren, die die Abbildung bewirkten. Diese Frage, die als das «Problem des Aristoteles» in die Frühgeschichte der Physik einging, wurde erst annähernd 2000 Jahre später beantwortet.

Die Sonne, ein riesiger Feuerball vom Durchmesser $D = 1{,}4$ Millionen Kilometer, ist $R = 150$ Millionen Kilometer von der Erde entfernt. Sie erscheint uns als beleuchtete Scheibe unter dem Blickwinkel $\alpha = D/R = 0{,}0093 = 1/107$ im Bogenmaß oder dem sehr kleinen Winkel von 0,53 Grad = 32 Bogenminuten. Die Lichtscheiben der nächsten Fixsterne, die Durchmesser von weniger als einem hundertstel Bogensekunde haben, erscheinen selbst in den größten Fernrohren nur als Lichtpunkte. Das Sonnenlicht, das durch ein vorgefundenes Loch vom Durchmesser d dringt, bildet dahinter einen schwach konvergenten Kernstrahl, der bis zum Abstand $\ell_0 = d/\alpha$, also über hundert Lochdurchmesser weit reicht und im Bereich weniger Durchmesser hinter dem Loch dieses als helle Fläche mit durch den Halbschatten etwas verwaschenen Rändern abbildet. In größerer Entfernung ℓ hinter der Lochblende entmischen sich die Lichtstrahlen, die von den einzelnen Punkten der Lichtquelle ausgehen, und bilden wie lauter sehr schlanke Scheinwerferstrahlen die Sonnenscheibe Punkt für Punkt auf dem Boden ab. Je nach Sonnenstand und Neigung der Bildebene wird das Bild der Sonnenscheibe zu einer mehr oder weniger langgestreckten Ellipse verzerrt, deren große Halbachse a man aus der Höhe des Loches über dem Boden und dem Einfallswinkel β ausrechnen kann: $a = \alpha h/\cos^2\beta$. Dabei ist der unbekannte Lochdurchmesser d als klein gegen αh vernachlässigt worden. Für die Werte $h = 6$ m und $\beta = 30$ Grad ergibt sich, zum Beispiel, $a = 7{,}5$ cm. Da die Sonne sehr groß und sehr weit entfernt ist, gäbe es übrigens dieselbe Erscheinung, wenn das Loch im Blätterdach sehr groß wäre. Wenn es einen Durchmesser von $d = 1$ m hätte, würde die Sonne noch im Abstand von sechs Metern hinter der Blende das Loch abbilden. Die Bäume müßten weit über hundert Meter hoch sein, damit ein so großes Loch ein entsprechend großes Sonnenbild auf den Boden zeichnen könnte.

Lochkamera: Was Aristoteles in der Natur beobachtete, war schon ein Jahrhundert früher in China experimentell entdeckt worden. Licht, das durch ein kleines Nadelloch in einen geschlossenen Raum fällt, erzeugt auf einem Bildschirm oder einfach der gegenüberliegenden Wand ein umgekehrtes Bild der Landschaft, die man beim Blick aus dem Kasten heraus sehen würde, falls man mit dem Auge ganz dicht an das Loch heranginge. Die Entstehung des Bildes läßt sich erklären, wenn nur vorausgesetzt wird, daß das Licht sich geradlinig ausbreitet. Das Nadelloch kann die Lichtstrahlen, die von einem Punkt des Objekts kommen, nicht fokussieren wie eine Linse, es blendet aber ein sehr schlankes Lichtbündel aus, das einen kleinen Lichtkreis auf die Bildwand zeichnet. Die Lichtkreise überlagern sich zu einem Bild, dessen Schärfe von der Größe und dem Abstand der Kreise und daher von dem Verhältnis des Lochdurchmessers d zur Bildweite b abhängt. Den Abbildungsmaßstab entnimmt man der Zeichnung. Nach dem Strahlensatz gilt

$$\frac{B}{G} = \frac{b}{g}.$$

Im allgemeinen ist die Bildweite b viel kleiner als die Gegenstandsweite g, und das Bild verkleinert die Wirklichkeit. Man erkennt, daß die Gegenstände in beliebigen Entfernungen von der Lochkamera nahezu gleich scharf abgebildet werden, mit anderen Worten: Das Bild hat fast unbegrenzte Tiefenschärfe. In dieser Hinsicht ist die Lochkamera allen Kameras überlegen, die durch Linsen abbilden. Wegen dieser Eigenschaft wurde sie im Laufe ihrer jahrhundertelangen Geschichte von vielen Malern zum Zeichnen

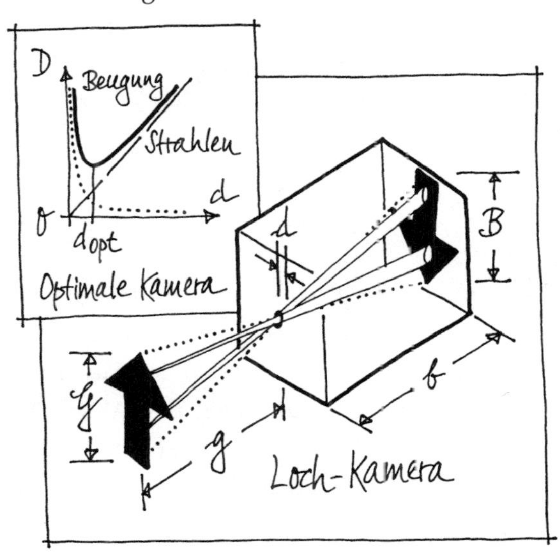

der Perspektive benutzt. Die Bilder der Lochkamera sind um so lichtschwächer, je schärfer sie sind. Die Kamera ist daher zur Aufnahme bewegter Objekte völlig ungeeignet. Ihren treffenden Namen «Camera obscura» erhielt die Lochkamera übrigens erst in späterer Zeit durch den Astronomen Johannes Kepler (1571–1630).

Optimales Bild: Durch paralleles Licht, das senkrecht auf eine kreisförmige Blende vom Durchmesser d fällt, wird das Loch auf einem Schirm in beliebigem Abstand b als runder Lichtfleck vom gleichen Durchmesser $D = d$ abgebildet, vorausgesetzt, das Loch ist so groß, daß die Gesetze der Strahlenoptik gelten. Je kleiner das Loch gemacht wird, desto klarer wird das Bild, solange diese Voraussetzung gilt. Wird das Loch so klein gemacht, daß die Wellenlänge λ des sichtbaren Lichts, die im Mittel bei etwa 500 nm ($5 \cdot 10^{-5}$ cm) liegt, nicht mehr vernachlässigbar klein gegen den Lochdurchmesser d ist, läßt sich die Beugung des Lichts nicht mehr übersehen, die von seiner Wellennatur herrührt. Das Bild des Loches erscheint danach aufgelöst in konzentrische, abwechselnd dunkle und helle Beugungsringe und ist unbegrenzt. Man muß daher die Größe des Bildes plausibel definieren. Da die Helligkeit der Ringe nach außen rasch abnimmt, hat es Sinn, den ersten dunklen Ring (das erste Beugungsminimum) um den zentralen Lichtfleck zum Rand des Bildes zu erklären. Er hat nach der Beugungstheorie den Durchmesser $D = 2K\lambda b/d$, worin K eine Zahl nahe 1 ist. Die beiden Gesetze der Abbildung für große d (Strahlenoptik) und kleine d (Beugung) hat schon 1857 Petzval zu dem einheitlichen Gesetz

$$D = d + \frac{2K\lambda b}{d}$$

zusammengefügt, das in den beiden Grenzfällen asymptotisch exakt ist und im Zwischengebiet mit Erfahrungswerten im Einklang steht. Aus ihm kann man den optimalen Lochdurchmesser als das Minimum von D formal durch Nullsetzen der Ableitung ausrechnen. Er liegt bei $d = \sqrt{2Kb\lambda}$. Für Licht der Wellenlänge $\lambda = 500$ nm und $b = 25$ cm ergibt sich mit $K = 1$ der Lochdurchmesser $d = 0{,}5$ mm.

Experimente: Die Kamera ohne Linse läßt Bilder erscheinen, die uns von normalen, linsenbestückten Kameras wegen ihrer begrenzten Tiefenschärfe vorenthalten werden. Der Schweizer Künstler Hans Knuchel hat kürzlich mit den verschiedensten Öffnungen experimentiert und eine Dokumentation von Effekten in zum Teil kuriosen Fotos veröffentlicht. Am leichtesten zu beschreiben ist die «Kreuz-

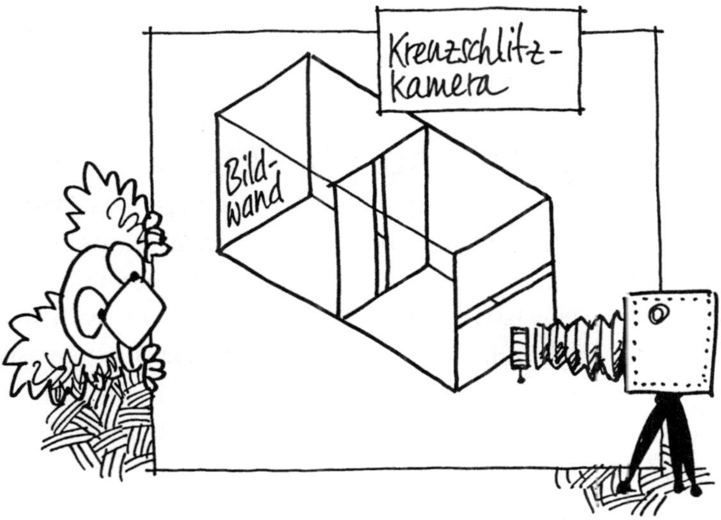

schlitz-Kamera». Bei ihr ist das Loch durch zwei zueinander senkrechte Schlitze in sehr verschiedenem Abstand von der Bildwand ersetzt. Angenommen, ein horizontaler Schlitz sei 50 cm und ein vertikaler nur halb so weit von der Bildwand entfernt. Dann ist der Abbildungsmaßstab (s. o.) in der Höhe doppelt so groß wie in der Breite. Stehende Personen erscheinen extrem schlank auf ihren Fotos. Mit einer ähnlich gebauten anamorphotischen Kamera geringerer Verzerrung könnte man Breitwandfilme aufnehmen, wenn die Lochoptik nicht so lichtschwach wäre. Die zahlreichen großen begehbaren Camerae obscurae, die vor rund hundert Jahren in Badeorten in Großbritannien und anderswo zur Volksbelustigung eingerichtet wurden, sind keine echten Lochkameras. Sie bekommen ihr Licht über einen Diagonalspiegel vom Dach her und sind mit langbrennweitigen Linsen ausgestattet, die viel Licht einlassen, um für ein großes Publikum helle Bilder zu zeichnen. Zum Scharfstellen bedürfen sie einer beweglichen Projektionsfläche, und ihre Bilder haben nur begrenzte Tiefenschärfe.

Computer-Anamorphosen

Zur Zeit des Barock waren sie populär: Anamorphosen, Zerrbilder der Wirklichkeit, die von Zylinder- oder Kegelspiegeln enträtselt werden. Man findet sie heute noch vereinzelt in physikalischen Kabinetten. Mit Hilfe des Computers lassen sich Zylinderanamorphosen mathematisch exakt nicht nur von Strichzeichnungen, sondern auch von gerasterten Bildern herstellen.

Wiederentdeckung der Perspektive: Ich hatte in einer der hintersten Reihen Platz genommen und konnte fast den ganzen Zuschauerraum überblicken. Kurz vor Beginn der Nachmittagsvorstellung hörte ich hinter mir noch zwei Personen hereinkommen, einen Mann mit seinem kleinen Sohn, die auf der Stelle nach einem Sitzplatz Ausschau hielten. «Schau, Papa», rief das Kind, «nach vorn werden die Sitze immer kleiner!» – «Das scheint nur so», belehrte es der Vater. – Sein oder Schein? Ich überlegte und kam zu dem Schluß: Das Kind hatte die Realität erfaßt! Am liebsten hätte ich ihm zugerufen: «Recht hast du, es ist die Wirklichkeit. Und schau, auch die Leute, die nach vorn laufen, werden immer kleiner, bis sie in den ersten Reihen bequem in die Sitze passen.»

Das Kind hatte die Zentralperspektive für sich entdeckt, eine Bildbetrachtung, die vor mehr als fünf Jahrhunderten die Malerei der Renaissance ebenso gründlich revolutionierte wie zu Anfang unseres Jahrhunderts die Relativitätstheorie die Physik. Beide entsprechen sich sogar darin, daß sie eine neue Wirklichkeit bewußt machen. Die Perspektive nimmt zur Kenntnis, daß die Größe eines Gegenstandes, gemessen am Blickwinkel des Betrachters, nicht für alle Beobachter die gleiche ist, sondern von dem zwischen dem Gegenstand und dem Beobachter liegenden Abstand abhängt – also «relativ» ist. Gleiches gilt für die von der «Speziellen Relativitätstheorie» vorhergesagte Abhängigkeit der Länge einer Strecke von der Relativgeschwindigkeit des Beobachters. Diese ist uns nur deswegen weniger vertraut, weil uns die alltägliche Erfahrung mit dem Phänomen fehlt. Die relativistische Verkürzung eines Gegenstandes (oder «Lorentzkontraktion») fällt erst bei Relativgeschwindigkeiten von annähernd der Größe der Vakuumlichtgeschwindigkeit (300 000 km/s oder etwa 1 Mrd. km/h) ins Gewicht. Wer von uns hatte schon einmal Gelegenheit, mit einem Raumschiff so schnell durch den Weltraum zu segeln und aus dem Fenster die vorbeifliegenden Weltrauminseln im Flug zu vermessen?

Gemalte Anamorphosen: Die Perspektive stellt das Auge in den Mittelpunkt einer subjektiv geschauten Welt. Nicht der Gegenstand, sondern seine persönliche Ansicht ist die Wirklichkeit. Damit der Besucher einer Kirche von einem Standort im Kirchenschiff aus das Fresko in der hohen Kuppel unverzerrt sieht, malt es der Renaissancekünstler in einer passenden Verzerrung, als «Anamorphose». Eine der ältesten Anamorphosen, die um 1485 von Leonardo da Vinci gezeichnete Skizze eines Kinderköpfchens, findet man im Codex

Atlanticus. In extremer Schrägsicht wird das Bildchen deutlich erkennbar, ähnlich wie die langgezogenen Richtungspfeile und Vorfahrtszeichen auf unseren Verkehrswegen, die aus der Perspektive von Auto- und Radfahrern wohlproportioniert erscheinen. Die Maler arbeiteten in späterer Zeit sogar auf unebenem Malgrund, wenn die Architektur es erforderte, und malten schließlich illusionistische Scheinarchitektur. Michael Schuyt und Joost Elffers erzählen dazu in ihrem schönen Anamorphosenbuch eine Anekdote: Beim Bau der Jesuitenkirche S. Ignazio in Rom, um die Mitte des 17. Jahrhunderts, teilte der Baumeister, Andrea Pozzo, die Sorge der benachbarten Dominikaner, das neue Bauwerk könnte ihre Bibliothek zu sehr beschatten, und verzichtete großzügig auf die Ausführung der Kuppel. Um dem Innenraum dennoch optisch Größe zu geben, malte er eine Scheinkuppel, deren Täuschung nahezu vollkommen ist. Scheinarchitekturen sind noch heute vor allem (aber nicht nur) im Theater zu finden, wo gebaute Kulissen in gemalte Architektur übergehen.

Spiegelanamorphosen: Es ist schwer zu datieren, wann zuerst Spiegel in den Dienst optischer Illusionen gestellt wurden. Das Spiel mit dem Schein der Wirklichkeit hatte seine Blüte in der Barockzeit. Ähnlich wie im Anagramm Wörter und Sätze durch Vertauschung von Buchstaben wie durch eine Geheimschrift unkenntlich gemacht werden, sind Spiegelanamorphosen Zerrbilder, die nur in einem bestimmten Spiegel, dem «Anamorphoskop», in der ursprünglichen Form und Schönheit erscheinen. Jeder Zerrspiegel eignet sich dafür, aber Zylinder- und Kegelanamorphosen haben die weiteste Verbreitung gefunden.

Die Spiegelungen am aufrechten Kreiszylinder sind am einfachsten zu durchschauen. Denkt man sich den Zylinderspiegel aus sehr schmalen, aufrechten, ebenen Spiegelstreifen zusammengesetzt, die den Zylinder längs einer Mantellinie berühren, erkennt man, daß die Lichtstrahlen nur in Umfangsrichtung abgelenkt, in der Vertikalrichtung aber nicht geknickt werden. Zur Zeichnung der Anamorphosen von Bildern in der Papierebene genügt es deshalb, die ebene Spiegelung am Grundkreis zu studieren.

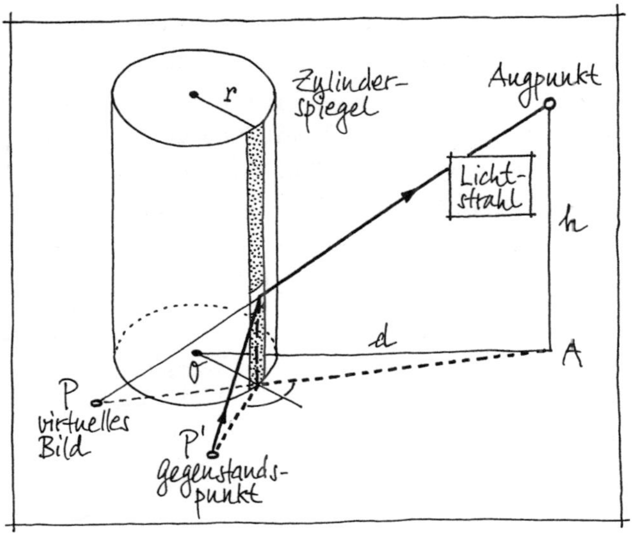

Wie zeichnet man eine Zylinderanamorphose? Der Visierstrahl v vom gewählten Augpunkt (genauer: von seinem Fußpunkt A in der Grundkreisebene) zum virtuellen Bildpunkt P schneidet den Spiegelkreis im Punkt S. Die Tangente s in S stellt den Spiegel dar, von dem aus der Punkt P in den zu zeichnenden Punkt P' gespiegelt wird. So einfach die Konstruktion mit Zirkel und Lineal für einen einzelnen Punkt ist, sie wird zu einer mühsamen Prozedur, wenn man Punkt für Punkt die Anamorphose eines ganzen Bildes zeichnen will. Wir haben die geometrische Konstruktion deshalb in Form algebraischer Gleichungen aufgeschrieben, die ein Computer rechnerisch ausführt, das heißt, den Schnittpunkt S berechnet, die Tangente in S bestimmt und P in P' spiegelt. Die Rechnung ist elementar, aber die Gleichungen sind zu umfangreich, um hier wiedergegeben zu werden. Als Endresultat liefert der Algorithmus die Koordinaten des Punktes P', wenn die Koordinaten des Punktes P, der Kreisradius r und der Abstand d des Augpunkts vom Spiegel gegeben sind. Der Punkt P darf an beliebiger Stelle in dem «Innengebiet» I liegen, das vom Augpunkt aus als «hinter dem Spiegel» gesehen wird. Es ist vorn von dem Kreisbogen begrenzt, der die Unterkante des sichtbaren Teils des Spiegelzylinders bildet, und setzt sich rechts und links in den beiden äußersten Visierstrahlen fort, die den Kreis berühren. Die Abbildung erzeugt zu allen Bildpunkten P

im Innengebiet die Ursprungspunkte *P′* im «Außengebiet» *II*, dem Rest der Ebene. Die Abbildung ist eindeutig und umkehrbar. Die Konstruktion der Anamorphose ist mit Zirkel und Lineal ausführbar, ihre Umkehrung jedoch nicht. Wir haben das Verfahren für einen PC programmiert, der ein beliebiges farbiges Bild, das ganz im Innengebiet liegt, einlesen kann, die Koordinaten transformiert und die Anamorphose als Computer-Grafik ausdruckt – ein mathematisches Routineverfahren zur Gewinnung von Zylinderanamorphosen.

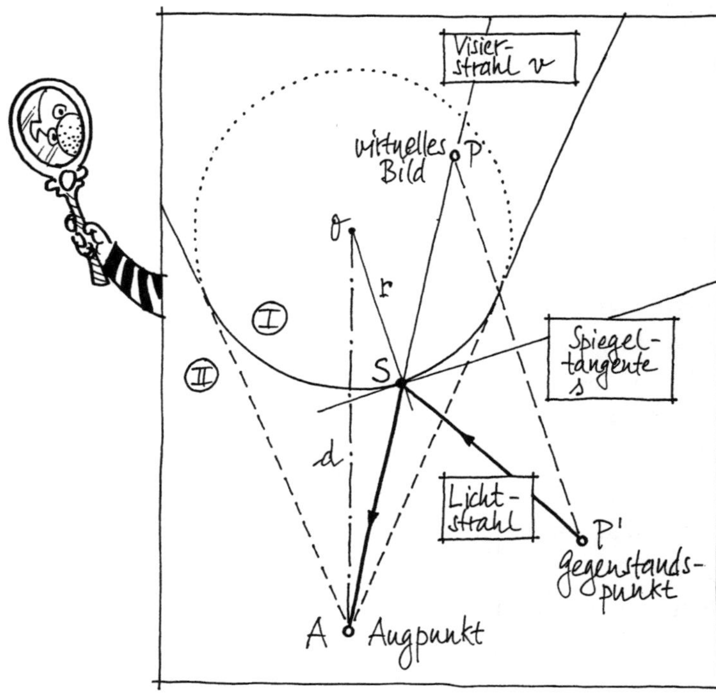

Magische Zylinder: Das Verfahren ist mathematisch exakt. Mit seiner Hilfe gezeichnete Anamorphosen lassen daher in dem passenden Zylinderspiegel vom vorgewählten Augpunkt aus ein virtuelles Bild entstehen, das vom ursprünglichen Bild nicht zu unterscheiden ist. Aus anderer Sicht werden im Spiegel um so größere Verzerrungen sichtbar, je weiter sich der Beobachtungspunkt vom idealen Augpunkt entfernt. Bei geringen Ansprüchen an die Qualität der Bilder (zum Beispiel bei Figuren mit unscharfen Konturen – etwa bei einem Clown im weiten Gewand) kann man sich mit einer Näherungskonstruktion zufriedengeben, die ein rechtwinkliges Gitter in einem kleinen Quadrat gleichmäßig auf ein Gitter von Radien und Kreisen in einem Kreisringsektor abbildet. Das Spiegelbild erscheint dann zwar aus keiner Sicht mehr vollkommen, der Fehler bleibt aber klein und die Anamorphose in einem recht großen Winkelbereich um den Spiegelzylinder leidlich erkennbar.

Das Geheimnis des Spiegelzylinders

Eine literarische Entdeckung: Im vergangenen Jahr wurde in einem Londoner Auktionshaus ein unscheinbarer alter Teddybär versteigert. Das Ereignis fand bei Literaturkennern ein unerwartetes Echo, handelte es sich doch nach zuverlässigen Expertisen um den Teddy der kleinen Alice Pleasance Liddell, der

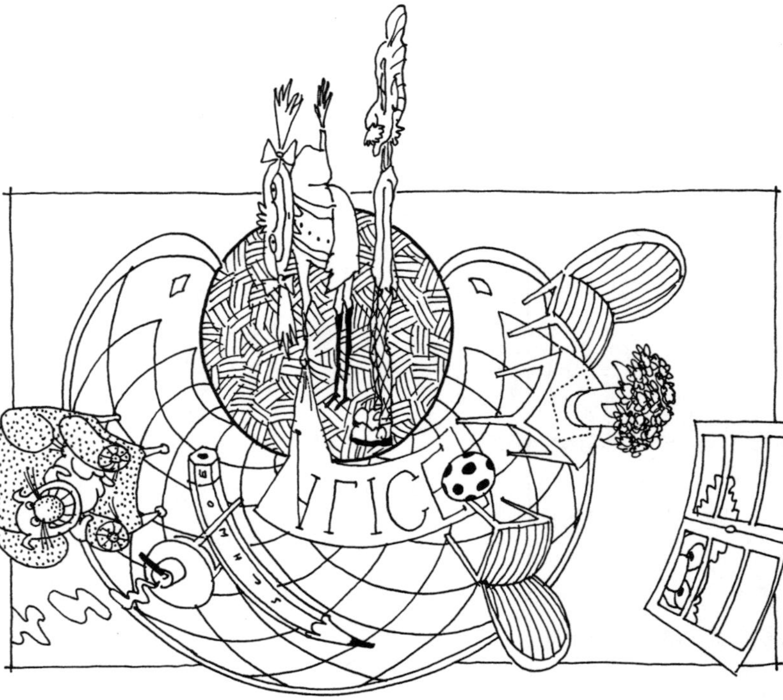

Heldin von Lewis Carrolls Märchen «Alice in Wonderland». Zur Überraschung des Käufers (der nicht genannt werden möchte) fanden sich in dem zerschlissenen Karton, in dem das Plüschtier anscheinend schon jahrzehntelang aufbewahrt worden war, Fragmente eines Manuskripts, bei dem es sich, nach dem Inhalt und der sprachlichen Form zu urteilen, um ein nachgelassenes Kapitel aus «Through the Looking-Glass» handelt. Ich habe mich bemüht, den Teil des Textes, der eine zusammenhängende Geschichte bildet, nach bestem Können ins Deutsche zu übertragen und mit Überschriften zu versehen.

Das Spiegelzimmer: «Über dem Kamin hing wie immer der alte große Spiegel, hinter dem genau so ein Zimmer war wie das, in dem Alice sich aufhielt, nur schien in dem anderen alles spiegelverkehrt. Alice hatte schon einmal ein Buch vor den Spiegel gehalten, und da hatte ihr jemand ein Buch von der anderen Seite entgegengehalten. Sie konnte es aber nicht lesen. Nur einzelne Buchstaben ließen sich erkennen, die übrigen waren genau umgekehrt. Ich will es noch einmal auf andere Weise versuchen, dachte Alice, und schrieb ihren Namen ALICE in Großbuchstaben auf einen Zettel. ∀ΓICE erschien auf dem Zettel, der auf der anderen Seite gegen den Spiegel gehalten wurde. Ob das Mädchen im Spiegelzimmer, das Alice jedesmal entgegenkam, wann immer es ihr einfiel, sich dem Spiegel zu nähern, ihren Namen lesen könne, fragte sich Alice – vielleicht könnte ich mich mit ihr bekannt machen. Sie versuchte, sich in ihr Gegenüber hineinzuversetzen und das Wort von der anderen Seite zu lesen. Nein, ich heiße doch nicht ECILA, stellte sie enttäuscht fest und wurde ein bißchen ärgerlich über den neuerlichen Mißerfolg. Es kann nicht schwer sein, sprach sie sich selbst Mut zu, ich werde einfach meinen Namen im Spiegel schreiben. Aber schon beim A will es mir nicht gelingen, die Hand richtig zu führen. Ob sie mich vielleicht durch den Spiegel hindurch hören kann? Alice versuchte, dem anderen Mädchen ihren Namen zuzurufen. Ihr Gegenüber bewegte zwar gleichzeitig die Lippen, als ob sie ‹Alice› sagen wollte, aber auf dieser Seite des Spiegels war außer Alices eigenen Worten nichts zu hören. Müßte nicht mein Herz rechts schlagen, wenn ich durch den Spiegel gehen könnte, überlegte Alice, aber würde ich das auch fühlen? Oder würde ich nichts davon wissen und links zu rechts sagen? Wie mag der Spiegel Bilder von drüben zurückspiegeln? Vielleicht stellt er alles wieder richtig, und das Mädchen im Spiegelzimmer kann ALICE auf meinem Zettel lesen, wenn ich es schreibe.

Der Spiegelzylinder: Da fiel Alice etwas anderes ein, was sie dem Mädchen im Spiegelzimmer zeigen könnte. Sie lief hinaus, den spiegelnden Zylinder zu holen, der ihr noch geheimnisvoller vorkam als der flache Spiegel über dem Kamin. Er gehörte zu einem alten Spiel, das schon im Hause war, solange sie sich erinnern konnte. Eine Handvoll runder Scheiben mit seltsam verzerrten bunten Bildern lag dabei. Setzte man den Spiegelzylinder auf einen Kreis in ihrer Mitte und blickte aus geringer Entfernung in den Spiegel, erschienen auf wunderbare Weise klare und deutliche Bilder. Alice stellte den Zylinder auf den Kaminsims, um ihr Spiegelbild zu betrachten. Als sie in die glänzende Oberfläche blickte, schien sich alles um sie herum, das ganze Zimmer, zusammenzuschnüren. Mit Erschrecken sah sie ihren eigenen Körper unnatürlich schlank und ihre Arme und Beine spinnengliedrig werden. Im nächsten Augenblick wurde ihr bewußt, daß sie in einem kleinen kreisrunden Raum stand, dessen hohe Wand ringsum ein einziges Fenster war. Wie bin ich ins Innere des Spiegelzylinders gekommen, fragte sie sich, und gleichzeitig dachte sie: Wie gut, daß ich jetzt so dünn bin. Der dicke Humpty Dumpty würde hier drinnen feststecken wie der Korken in der Flasche. Sie blickte sich um und fand alle Gegenstände genauso spindeldürr wie sich selbst. Merkwürdig war, daß sie nur in der Breite geschrumpft waren, in der Höhe und Tiefe aber noch ihre gewohnten Maße hatten. Ängstlich befühlte sie ihren eigenen Körper, und tatsächlich, auch sie selbst war flach wie ein Plattfisch geworden mit dem Gesicht auf der Schmalseite wie bei einer Flunder. Bei dem Gedanken, wie ein Fisch gleichsam schwerelos durchs Weltmeer zu schweben, begann Alice Spaß an der Verwandlung zu finden. Ich will sehen, was passiert, dachte sie belustigt, wenn ich mich zur Seite drehe. Wie sie es erwartet hatte, wurde ihr Körper augenblicklich in die andere Richtung gestaucht, ohne daß sie irgendeinen Schmerz dabei empfand. Mit der Nase auf der Plattseite kam sie sich einem Rochen ähnlicher vor als einem Menschen. Zum Spaß bewegte sie die Arme wie Flossen, ohne aber mit den Händen in der Luft Widerstand zu finden. Als sie zufällig zum Fenster hinausschaute, gewahrte sie draußen das vertraute Bild des Mädchens aus dem Spiegelzimmer. Es stand da, als ob nichts geschehen wäre, doch halt, eine kleine Veränderung gab es doch. Alice war sich fast sicher, daß das Mädchen sein Haar vorher nach der anderen Seite gescheitelt getragen hatte. Jetzt begreife ich, rief Alice aus, warum es im Spiegelzylinder so eng sein muß. Wäre ich so dick wie Humpty Dumpty, würde ich draußen mindestens zwanzigmal so dick aussehen. Und umgekehrt verhält es sich mit den bunten Scheiben: Man muß die Bilder um den Zylinder herum so breit malen, damit sie im Spiegelzylinder ebenmäßig erscheinen.»

Der Anamorphosenzeichner: Von hier aus nimmt die Erzählung eine neue Wendung, der wir nicht folgen, und endet mit der unbefriedigenden Auflösung, daß Alice nur geträumt habe. Der aufgeklärte Leser hat die Beobachtungen der kleinen Alice längst als die optische Abbildung durch den zylindrischen Konvexspiegel erkannt und ist in der Lage, sie physikalisch mit dem Reflexionsgesetz «Einfallswinkel gleich Ausfallswinkel» zu beschreiben. Die Spiegelung kann in zwei unabhängige Ablenkungen der Lichtstrahlen, nämlich die in senkrechter Richtung und die am horizontalen Grundkreis, dem «Spiegelkreis», zerlegt werden. Die letztere läßt sich leicht mit Zirkel und Lineal ausführen. Sie wird aber zu einer langwierigen Arbeit, will man, Punkt für Punkt, ein ganzes Bild zeichnen. Um dem Leser diese Mühe zu ersparen, haben wir ein Zeichengerät konstruiert, das die Abbildung mechanisch ausführt. Zu einem im Zylinder oder, genauer, vom jeweiligen Augpunkt aus gesehen, hinter dem Zylinder liegenden Bild, auf dem der Führungsstift entlangfährt, zeichnet der Zeichenstift das entsprechende Zerrbild außerhalb des Zylinders. Nach den historischen Vorbildern aus dem siebzehnten Jahrhundert nennen wir diese verzerrten Bilder Anamorphosen. Führungs- und Zeichenstift lassen sich austauschen – die Abbildung ist umkehrbar. Das heißt, sie kann auch Anamorphosen zurückverwandeln.

Und so funktioniert der Anamorphosenzeichner: Der Führungsstift P gleitet an der im gewählten Augpunkt A drehbar gelagerten

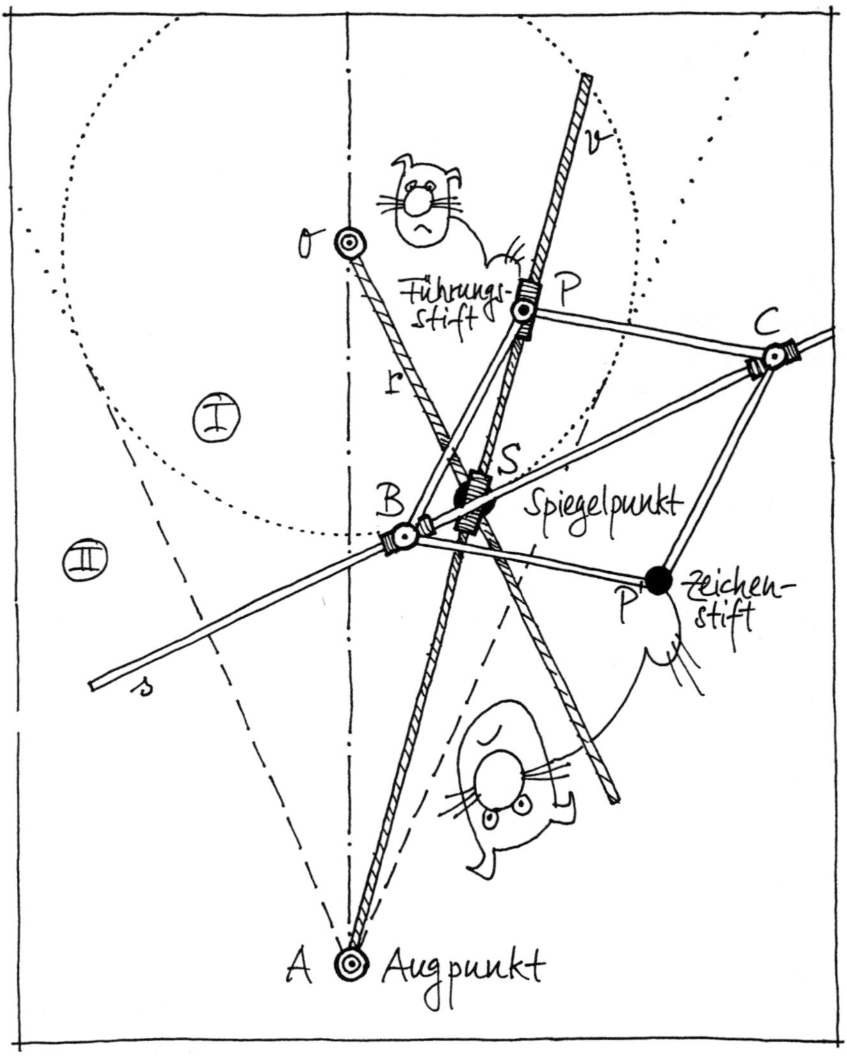

Visierschiene v entlang, auf der auch die um den Mittelpunkt O des Spiegelkreises drehbare Radialschiene gleitet. Die Spiegelschiene s ist im Abstand r, dem Kreisradius, an der Radialschiene senkrecht befestigt und dreht sich mit ihr. Das Parallelogramm $PBP'C$, dessen Gelenke bei B und C auf der Spiegelschiene s gleiten, konstruiert zu P das Spiegelbild P' in bezug auf die Spiegelschiene. Der Stift in P' zeichnet also den Gegenstandspunkt, dessen (virtuelles) Bild am Ort des Führungsstifts

P liegt. Der Lichtstrahl, der ins Auge fällt, bleibt selbstverständlich außerhalb des Zylinders. Er läuft vom Punkt *P'* über den Spiegelpunkt *S* (den Kreuzungspunkt von Radialschiene und Spiegelschiene, das heißt von Normale und Tangente am Kreis) zum Augpunkt *A*. Je nach der Länge der Stangen des Parallelogramms erreichen *P* und *P'* einen kleineren oder größeren Teil der Ebene. Um die ganze Ebene zu erfassen, muß man die Stangen hinreichend lang konstruieren. Wie lang man aber die Stangen des Parallelogramms auch anfertigen mag, der Punkt *P* liegt stets in dem, vom Augpunkt *A* aus gesehen, hinter dem Spiegelkreis und den beiden äußersten Visierstrahlen liegenden «Innengebiet» und *P'* entsprechend im «Außengebiet», das den Rest der Papierebene ausmacht. Der Leser mag entscheiden, ob er die Anamorphose lieber mühsam punktweise mit Zirkel und Lineal konstruieren möchte oder es vorzieht, sich dazu unseren zugegeben nicht ganz einfachen Mechanismus zu bauen.

4.
Spielend in die Luft gehen

Kopffüßer

Als ich kürzlich eine Geschenkboutique betrat, stand dort an der Eingangstür wie zur Begrüßung ein groteskes Männchen schwankend auf zwei schlappen Beinen, ein Kopffüßer von der Gestalt, wie kleine Kinder Menschen zeichnen. Es sah aber nur so aus, als würde der Wicht auf dem Boden stehen. In Wirklichkeit war sein Kopf ein gasgefüllter Ballon, der über dem Boden schwebte, und seine Beine waren nicht einmal so standfest, sich selbst aufrecht zu halten. Wie kann er, fragte ich mich, seinen Körper ständig im gleichen Abstand von 24 Zentimetern über dem Boden halten? Jeder weiß doch, daß Luftballons (genauer:

Gasballons), die «leichter als Luft» sind (das heißt: weniger wiegen als die Luft, die sie verdrängen), davonfliegen, wenn man sie nicht fesselt. Um leicht genug zu sein, müssen sie mit einem leichten Gas gefüllt sein, zum Beispiel mit Wasserstoff oder mit dem ungefährlichen, aber teuren Edelgas Helium. Luftgefüllte Ballons sind dagegen «schwerer als Luft» und sinken zu Boden. Ich machte mir den Spaß, ein paar der anwesenden Kunden zu fragen, ob sie mir den Widerspruch erklären könnten, erntete aber nur verlegenes Achselzucken.

Flaschengeist: Der von mir so genannte Kopffüßer ist nicht überall und jederzeit erhältlich. Ich möchte Ihnen deshalb seine Standhaftigkeit mit Hilfe eines seiner nahen Verwandten erklären, eine Figur, die Sie sich leicht selbst herstellen können: mit dem «Geist in der Flasche». Statt des Ballons brauchen Sie für ihn einen Korken (z. B. von einer Champagnerflasche), an dem Sie stellvertretend für die Beine eine mindestens dreißig Zentimeter lange Kette mit einer kleinen Schrauböse befestigen. Füllen Sie einen hohen Standzylinder (oder eine Flasche, deren Hals weit genug ist, den Korken durchzulassen) mit Wasser, hängen Sie den Korken mit der Kette hinein, und Ihr Flaschengeist ist fertig. Um einen richtigen Geist daraus zu machen, können Sie ihm noch ein Gesicht aufmalen und einen Schleier aus Plastikfolie darum drapieren, ohne das Gleichgewicht erheblich zu stören.

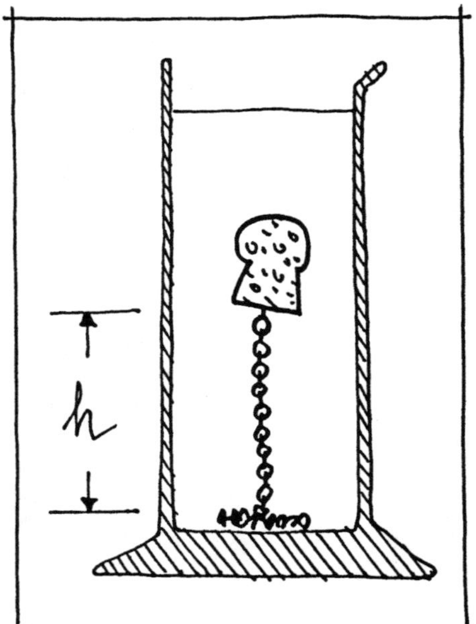

Wenn Sie die Kette zum Korken passend gewählt haben, schwebt der Korken in einer mittleren Höhe über dem Boden des Glases. Sollte Ihr Flaschengeist jedoch unten im Glas herumkriechen, ist ihm die Kette zu schwer. Taucht er im Gegenteil auf, brauchen Sie den Korken nur mit

Nägeln oder Schrauben zu beschweren, bis er die gewünschte Höhe einnimmt.

Schwebegleichgewicht: Der Flaschengeist bleibt in der Höhe h stehen, in der die archimedische Auftriebskraft A, das ist das Gewicht des verdrängten Wassers, gleich der Summe G der Gewichte des Korkens, der Öse und des hängenden Teils der Kette ist: $A = \rho V g = (m + \mu h)g = G$ ($\rho = 1$ g/cm^3 Wasserdichte, V Volumen des Korkens, m Summe der Massen des Korkens, der Öse und eventueller weiterer Beschwerungen, μ Masse pro Länge der Kette, g Schwerebeschleunigung – das Volumen und damit der Auftrieb der Metallteile darf vernachlässigt werden). Hat man die übrigen Größen durch Wägung und Messung ermittelt, kann man die Höhe h aus der Gleichgewichtsbedingung errechnen: $h = (\rho V - m)/\mu$. In unserem Experiment war $m = 9$ g, wovon 7,5 g auf den Korken entfielen, $V = 13{,}5$ cm^3 und $\mu = 25$ g/m. Damit ergab sich, in brauchbarer Übereinstimmung mit der Beobachtung, $h = 18$ cm. Wenn Sie für die Wägung eine gewöhnliche Briefwaage benutzen, müssen Sie in dem in Frage kommenden unteren Meßbereich bei wenigen Gramm große Ungenauigkeiten in Kauf nehmen.

Das Gleichgewicht des Flaschengeistes ist – anders als das des erwähnten Cartesianischen Tauchers (vgl. S. 132 ff.) – «stabil» (genauer: «asymptotisch stabil»). Das bedeutet: Wird er aus seinem Gleichgewicht in der Höhe h um Δh nach oben oder unten verschoben, kehrt er von selbst in die Ausgangslage zurück. Dafür sorgt die «Rückstellkraft» $R = -\mu \Delta h g$, die nichts anderes als das Gewicht des Kettenstücks der Länge $|\Delta h|$ ist, das bei der Verschiebung hochgezogen ($\Delta h > 0$) oder am Boden abgelegt wird ($\Delta h < 0$). Flüssigkeitsreibung dämpft die entstehende Schwingung bis zur Ruhe ab.

Für den Kopffüßer gilt das gleiche, wenn man das Medium Wasser durch Luft, den Korken durch einen Heliumballon und die Kette durch ein Paar Beine aus leichtem Papierflechtwerk ersetzt. Der untere Teil der Beine mit den Füßen aus Pappe steht auf dem Boden, der obere Teil der Beine hängt am Ballon. Die Grenze zwischen Stehen unten und Hängen oben stellt sich so ein, daß ein Gleichgewicht hergestellt wird. Die oben formulierte Gleichgewichtsbedingung bleibt gültig, wenn man unter $\rho = \rho_L - \rho_{He}$ den Unterschied der Dichten ρ_L der Luft und ρ_{He} des Heliumgases versteht, *m* die Masse der Ballonhülle mitsamt den Armen und μ die Masse pro Länge der Beine bedeuten, soweit sie am Ballon hängen. Die Dichten der Luft und des Heliumgases sind unter Normalbedingungen $\rho_L = 1{,}29$ kg/m^3 bzw. $\rho_{He} = 0{,}18$ kg/m^3. Bei einem Volumen von 8–9 Litern hat der Heliumballon einen Auftrieb von nur einem zehntel Newton. Die Ballonhülle muß daher aus sehr leichtem Material bestehen. Hebt man den Kopffüßer hoch und läßt ihn fallen, kehrt er langsam hüpfend in seine normale Lage zurück, was, im Sprachgebrauch der Physik, die schon erwähnte asymptotische Stabilität der Gleichgewichtslage anzeigt.

Der «Flaschengeist-Taucher»: Der Flaschengeist läßt sich von außen nicht manipulieren. Sein Verwandter, der Cartesianische Taucher, ist dagegen regelbar, aber nur durch ständiges Nachregeln des Drucks in der Nachbarschaft einer gewünschten Lage zu halten. Durch einen Luftballon, den wir am Korken befestigen, können wir die Lagestabilität des Flaschengeists mit der Regelbarkeit des Tauchers vereinen. Das Luftvolumen V_L hängt vom Umgebungsdruck p im Wasser ab. Bei konstanter Temperatur gilt das Gesetz von Boyle und Mariotte: $pV_L = p_o V_o$, worin p_o und V_o den Druck bzw. das Volumen in der Ausgangslage h_o bedeuten. Der «Flaschengeist-Taucher» erfährt den Auftrieb $A = \rho(V + V_L)g = \rho(V + p_o V_o/p)g$. Sein Gewicht G vergrößert sich geringfügig durch die Massen der Gummiblase und der darin enthaltenen Luft. Aus den Gleichgewichtsbedingungen $A = G$ für die Schwebehöhen h und h_o ergibt sich für die Änderung der Höhe mit dem Druck

$$\Delta h = h - h_o = \frac{\rho V_o}{\mu}\left(\frac{p_o}{p} - 1\right).$$

Bei dem Volumen $V_o = 10$ cm^3 des Ballons und dem Gewicht $\mu = 1{,}4$ g pro Zentimeter der Kette läßt die beachtliche Druckänderung von $p_o = 1$ bar auf $p = 2$ bar den Schwimmkörper um weniger als 4 cm sinken. Man müßte größere Ballons nehmen oder größere Drücke aufbringen können.

Ein Transportsystem? Mit etwas Phantasie läßt sich der Grundgedanke, einen Ballon durch ein langes, schweres Halteseil zu stabilisieren, zu einem Transportsystem entwickeln, einer Art Boden-Luftschiff. Um die Gesamtmasse m (Ballonhülle, Korb und Nutzlast) tragen zu können, müßte sein Volumen V deutlich größer als $V_o = m/(\rho_L - \rho_{He})$ sein, damit das Luftschiff noch ein Stück Halteseil tragen kann. Für $m = 300$ kg errechnet man $V_o = 270$ m^3. Das ist das Volumen einer Kugel von mehr als acht Metern Durchmesser. Der Nutzlast sind durch die Masse des Halteseils enge Grenzen nach oben und unten gesetzt. Wird dem schwebenden Ballon mehr zugeladen, als das Halteseil Masse hat, setzt er sich auf den Boden. Wird er um mehr als die Masse des Halteseils erleichtert, fliegt er davon. Darauf sollten Sie achten, sollten Sie jemals Passagier eines solchen Ballons sein.

Heiße Luft und leichtes Gas

Montgolfieren: Ein Gemälde des belagerten Gibraltar, so wird berichtet, habe Joseph-Michel, den erfindungsreichen älteren der beiden Brüder Montgolfier, während der Zeit der letzten spanischen Belagerung zwischen den Jahren 1779 und 1781 auf den Gedanken gebracht, Gibraltar auf dem Luftwege zu erreichen. So eindringlich zeigte das Bild die Unmöglichkeit, den Verteidigern der Felsenfestung an der Meerenge zwischen Europa und Afrika auf dem Land- oder Seeweg zu Hilfe zu kommen. Er dachte, die Wolken nachzuahmen, die offensichtlich leichter als die atmosphärische Luft am Erdboden sind und deshalb zum Himmel aufsteigen. Aber die Versuche, einen Seidentaft-Ballon mit Wasserdampf zu füllen und zum Steigen zu bringen, die er zusammen mit seinem fünf Jahre jüngeren Bruder Etienne-Jacques ausführte, waren nicht erfolgreich (was wir nach heutigem Wissen leicht verstehen können).

Danach versuchten es die Brüder Montgolfier mit «Warmluft», die sie durch Abbrennen einer Mischung von Stroh und zerkleinerter Schafwolle erzeugten. Es gelang ihnen, einen Ballon von zwei und einen von zwanzig Kubikmetern Fassungsvermögen steigen zu lassen, ehe sie sich am 5. Juni 1783 in dem Städtchen Annonay in der Hügellandschaft des Vivarais im Südosten Frankreichs der Öffentlichkeit vorstellten. Ein zeitgenössischer Bericht über das historische Ereignis liest sich so:

> *«Dienstag, den 5. Juni 1783, wurden die Landstände von Vivarais, welche sich eben zu Annonay versammelt hatten, von den Brüdern*

Montgolfier, den Erfindern einer aerostatischen Maschine, zu einem Versuche eingeladen, den sie vor den Augen des Publikums anzustellen beschlossen hatten. Wie sehr fanden sich die Abgeordneten und alle Zuschauer überrascht, als sie auf dem Marktplatz einen Ballon von 110 Fuß (35,8 Metern) im Umfang erblickten, der an einem Rahmen von 16 Fuß (5,2 Metern) im Geviert befestigt war. Dieser große Überzug wog mit seinem Rahmen 500 Pfund und konnte 22 000 Kubikfuß (etwa 750 Kubikmeter) Dämpfe fassen.
Groß war das allgemeine Erstaunen, als die Erfinder ankündigten, daß ihre Maschine sich von selbst bis in die Wolken erheben werde, sobald sie mit einem Gase gefüllt sei, das sie je nach Belieben durch das einfachste Verfahren hervorbringen könnten. Bei allem Zutrauen, das man auf die Einsicht und Klugheit der Herren Montgolfier setzte, schien das den als Zeugen Geladenen so unglaublich, daß selbst die Gutgläubigsten an dem Erfolg dieses Versuches zweifelten.
Doch die Herren Montgolfier legten bereits die Hand ans Werk und fingen an, die Dämpfe zu entbinden, welche das Phänomen bewirken sollten. Die Maschine, die bisher nur einen leeren Sack voller Falten vorgestellt hatte, blähte sich auf, schwoll zusehends, nahm eine feste,

schöne Form an und strebte in die Höhe zu steigen. Noch ward sie durch starke Männer zurückgehalten. Kaum aber war das Signal gegeben, so stieg sie auf und schwang sich schnell in die Luft, wo sie, immer rascher steigend, in weniger als zehn Minuten eine Höhe von 1000 Toisen (etwa 2000 Metern) erreichte.»

Soweit der Bericht vom Geburtstag des Heißluftballons. Die Stände des Vivarais sandten ein Protokoll an die Akademie der Wissenschaften zu Paris, die eine Kommission einsetzte und Etienne Montgolfier, den Gelehrteren der beiden, einlud, auf Kosten der Akademie sobald wie möglich einen neuen Versuch in Paris zu veranstalten. Ehe sich später die große «Montgolfiere» am 19. September desselben Jahres 1783 mit lebenden Passagieren (einem Schaf, einem Hahn und einer Ente) im Hof des Schlosses von Versailles vor der Familie des Königs, Ludwigs XVI., zu ihrem weltbewegenden Aufstieg in die Luft erhob, gab es in Paris eine andere Sensation.

Die Charliere: In der Hauptstadt war man nicht erfreut gewesen, daß ausgerechnet in einem Provinznest im Süden Frankreichs zuerst ein unbelebter Gegenstand zum Fliegen gebracht worden war. Ein paar Gelehrte beschlossen, die Zeit bis zum Start der Montgolfiere in Paris zu nutzen, und beauftragten den berühmten Professor Charles, einen Flugapparat zu bauen. Aus dem Protokoll der Stände des Vivarais war nichts Genaueres zu erfahren, als «daß die Herren Montgolfier ihre Maschine mit einer Art von Gas gefüllt hätten, das nur halb so schwer wäre wie gemeine Luft». Charles entschloß sich, einen Gasballon zu bauen und ihn mit dem erst 1766 von Henry Cavendish entdeckten Wasserstoff zu füllen, den er seine Helfer an Ort und Stelle herstellen ließ, indem sie Schwefelsäure über Eisenfeilspäne gossen. Am 27. August 1783 fand der erfolgreiche Aufstieg der ersten «Charliere» statt und war eine große Sensation.

So wurde im Wettlauf mit dem Heißluftballon auch der Gasballon erfunden. Wenige Jahre vorher, und zwar 1772, hatte der englische Theologe und Chemiker Joseph Priestley seine «Observations on Different Kinds of Air» in den Transactions of the Royal Society of London veröffentlicht und anschließend von 1774–1777 in drei Büchern weithin bekanntgemacht. An der Folge der Ereignisse erkennt man, daß die Idee, Körper «leichter als Luft» schweben zu lassen, keine Frucht des Zufalls, sondern um das Jahr 1783 sozusagen wissenschaftlich reif war.

Auftrieb und Tragkraft: Nach dem Archimedischen Prinzip verliert ein Körper in einem umgebenden Fluid (Flüssigkeit oder Gas) so viel an Gewicht, wie das verdrängte Fluid an seiner Stelle wiegen würde. Die *Auftriebskraft*, die auf einen Körper vom Volumen V in einem Fluid der (Massen-) Dichte ρ_a (Masse/Volumen) wirkt, ist demnach $A = \rho_a V g$ (g = Schwerebeschleunigung). Die Formel erlaubt, den Auftrieb näherungsweise zu berechnen. Sie erklärt aber nicht, wie er zustande kommt.

Die Tragkraft des Ballons berechnet sich aus dem Auftrieb durch Abzug des Gewichts der Gasfüllung. Ein Ballon mit einem Füllgas der Dichte ρ_i hat die *Tragkraft* $F = (\rho_a - \rho_i)Vg = A(1 - \rho_i/\rho_a)$. Ist die Tragkraft gleich dem Gewicht der Ballonhülle mit dem Korb samt Ballast und Nutzlast, schwebt der Ballon in der Luft. Dabei darf V als das von der Ballonhülle umschlossene Volumen verstanden werden, gegen das die viel kleineren Volumina der Hülle, des Korbes und so fort zu vernachlässigen sind. Der Tragkraftformel liegen unausgesprochene Modellannahmen zugrunde, bei Heißluftballons zum Beispiel, daß die vom Brenner hervorgerufene Strömung keinen nennenswerten Rückstoß erzeugt, der den Ballon zu einer Art von Rakete machen würde (da der Brenner mit Flüssiggas und atmosphärischer Luft arbeitet, muß der Ballon ständig abgekühlte Verbrennungsgase nach unten ausstoßen).

Die Außenluft und die Füllgase sind in guter Näherung «ideale» Gase und erfüllen daher Zustandsgleichungen der Form $p = (R/M)T\rho$ (entweder mit dem Index «i» für innen oder «a» für außen). R bedeutet die universelle Gaskonstante, M die Molmasse des Gases (das ist die Masse von 22,4 Litern bei 0° C Temperatur und 1,013 bar Druck, den sog. «Normalbedingungen»), T ist die Kelvintemperatur (K) und p der Druck. Nicht nur Heißluftballons, sondern auch Gasballons sind unten (am Füllansatz) offen. Daher gleicht sich dort sowohl im Schlaffzustand (in dem die Ballonhülle sich in Falten legt) als auch im Prallzustand der Innendruck p_i dem Außendruck p_a an. Unter der Voraussetzung $p_i = p_a$ folgt mit Hilfe der Gasgleichungen die Tragkraft pro Volumen

$$\frac{F}{V} = \rho_a g(1 - \frac{M_i T_a}{M_a T_i}).$$

In früheren Zeiten wurde häufig das in jeder Kokerei verfügbare Leuchtgas verwendet, das fast halb so schwer wie Luft ist. Heutige Gasballons enthalten zumeist Wasserstoff H_2, dessen Molmasse (2 Gramm) sehr viel kleiner ist als die mittlere Molmasse der im wesentlichen aus 80 Prozent Stickstoff N_2 und 20 Prozent Sauerstoff O_2 bestehenden Luft (29 Gramm pro Mol). Das ungefährliche Edelgas Helium ist in der nötigen Menge unbezahlbar. Außerdem ist Helium doppelt so schwer wie Wasserstoff, die Tragkraft des Ballons dadurch 7 Prozent niedriger. Bei Wettbewerben rechnen die Ballonfahrer mit Tragkräften von 1,140 Kilopond pro Kubikmeter bei Wasserstoff- und 1,056 Kilopond pro Kubikmeter bei Heliumballonen. Das entspricht den Startbedingungen bei einem Normaldruck von etwa 1 bar in trockener Atmosphäre von ungefähr 15° C.

Am wirkungsvollsten wäre ein Vakuum im Ballon. Aber der äußere Luftdruck würde die luftleere Hülle zusammenquetschen, falls sie nicht so fest und daher schwer gebaut wäre, daß der Ballon keine Aufstiegschance hätte. Das wies schon der große Gottfried Wilhelm Leibniz in seiner 1710 publizierten Schrift «De elevatione vaporum» nach, mit der er die Idee eines Vakuum-Luftschiffs von Francesco de Lana widerlegte, und knüpfte daran die Bemerkung: «Da hat also Gott dem Menschen einen Riegel vorgeschoben. Könnten die Menschen auch noch durch die Luft fahren, so wäre ihre Schlechtigkeit nicht mehr zu zügeln.» Er wußte noch nichts von Bombenfliegern.

Ballonchemie: Auch Heißluftballons enthalten, wie schon deutlich wurde, nicht einfach heiße Luft, sondern überwiegend die Verbrennungsgase ihres mit Propan oder Butan gespeisten Brenners. Wenn Butan C_4H_{10} mit dem Sauerstoff der Luft verbrannt wird, entstehen bei vollständiger Verbrennung das schwere Gas Kohlendioxid CO_2 (Molmasse 44 Gramm) und das leichtere Gas Wasserdampf H_2O (Molmasse 18 Gramm). Außerdem strömt mit dem Sauerstoff der Luft viermal soviel Stickstoff durch die Flamme und wird mit erhitzt, ohne an der Reaktion teilzunehmen. Die mittlere Molmasse dieser Mischung läßt sich leicht zu $M_i = 28{,}4$ Gramm pro Mol bestimmen und unterscheidet sich so wenig von der Molmasse der Luft, daß man rechnet, als wäre atmosphärische Luft im Ballon. Unter der Annahme $M_i = M_a$ gilt für Heißluftballons genähert $F = A(1 - T_a/T_i)$. Wenn man annimmt, daß die aus Nylongewebe oder Thermofolie bestehende Ballonhülle aus Sicherheitsgründen kaum wärmer als 100° C ($T_i = 373$ K) werden darf, errechnet man bei einer Außentemperatur von 0° C ($T_a = 273$ K) ein Verhältnis F/A von höchstens 0,27. Beim Wasserstoffballon ist dagegen $M_i/M_a = 2/29 = 0{,}07$. Die Temperatur T_i im Ballon liegt in aller Regel höher als die Außentemperatur T_a. Unter der Annahme $T_a/T_i < 1$ hat F/A mindestens den Wert 0,93. Um das gleiche Gewicht zu tragen, müssen deshalb Heißluftballons viel mehr Auftrieb haben, und das bedeutet, sie müssen wesentlich größer als Gasballons sein.

Man kann Mutmaßungen darüber anstellen, warum die Brüder Montgolfier, von Beruf Papierfabrikanten, bei ihren ersten Versuchen außer Stroh (Cellulose) auch Wolle (Proteine) verfeuerten. Sicher läßt sich durch ein Strohfeuer am Boden nicht annähernd die Temperatur von 100° C im Ballon erreichen, wie dies mit modernen Gasbrennern möglich ist. Wenn aber bei niedriger Temperatur der Partialdruck des Wasserdampfes im Füllgas den Sättigungsdampfdruck erreicht, fällt Wasser als Nebel aus oder schlägt sich an der Ballonhülle nieder, wodurch der Anteil des schweren Kohlendioxids am Füllgas zunimmt. Vielleicht wurde durch die Zugabe von Wolle die Sauerstoffzufuhr behindert, und die unvollständige Verbrennung der organischen Substanzen ließ (bei nur geringem Anteil an höhermolekularen Zersetzungsprodukten) leichtes Kohlenmonoxid CO (Molmasse 28 Gramm wie Stickstoff) entstehen. So vorteilhaft das zur Vergrößerung der Tragkraft des Ballons wäre, so streng wäre es bei bemannten Heißluftballonfahrten wegen der Giftigkeit des CO zu meiden.

Heißluftballons, selbstgemacht

Bauen und Starten: Nicht jeder, den die Sehnsucht ergreift, durch die Luft zu schweben, hat unverzüglich Gelegenheit, in einen großen Gas- oder Heißluftballon einzusteigen, um sich kraftvoll in die Höhe tragen und vom Winde treiben zu lassen. Auf das Vergnügen, einen Ballon zu starten, braucht er dennoch nicht zu verzichten. Aus dünnem Seidenpapier für ein paar Mark läßt sich die leichte Hülle eines Heißluftballons zuschneiden und mit Alleskleber zu einer dichten Haut zusammenkleben. Die an der Unterseite für die Heizung und den Druckausgleich vorgesehene Öffnung versteift man mit einem Ring aus Blumendraht, bevor man in ihrer Mitte an zwei gekreuzten Drähten ein Stück Watte befestigt, das später, mit Spiritus getränkt, den einfachsten aller Brenner abgibt. Die Heizung ist (aus guten Gründen) schwach dimensioniert. Vor der Entzündung des Spiritus empfiehlt es sich daher, einen Fön zu nehmen und die Ballonhülle mit Warmluft zu füllen. Mit einem kleinen Campingbrenner läßt sich die Innentemperatur sogar noch erhöhen. Wenn der mit großem Eifer gefertigte Heißluftballon nicht steigen will, liegt es meist daran, daß er für sein Gewicht zu klein ist. Wie groß muß er denn mindestens sein, damit er genügend Auftrieb für die Fahrt bekommt? Bevor wir diese Frage beantworten können, gehen wir einer anderen nach, die von grundlegender Bedeutung ist:

Warum schweben Ballone? Auf dem Mond, der keine Lufthülle besitzt, bleiben Ballons am Boden liegen. In der Atmosphäre erfahren sie wie jeder Körper so viel Auftrieb, wie die Luft wiegen würde, die sie verdrängen, sagt das Archimedische Prinzip. Wie kann ein schwerer Körper (und ein großer Heißluftballon wiegt mit seiner Füllung einige Tonnen!) von Luft getragen werden, die von ihrem Platz verdrängt und infolgedessen nicht mehr da ist, ja, *weil* die Luft nicht mehr da ist? Stellen wir uns vor, daß der Ballon durch einen Körper aus Luft ersetzt sei! Dieser Körper aus Luft von der Form eines Ballons wird von der umgebenden Luft durch die Druckkräfte in der Schwebe gehalten, die ihre angrenzenden Teile auf seine Oberfläche ausüben. Um das Gewicht des Ballons (oder der Luft an seiner Stelle) zu tragen, muß der Druck von unten größer als der Druck von oben sein. Die Druckzunahme von oben nach unten rührt von nichts anderem her als vom Gewicht der Luft selbst. Wer denkt schon daran, daß 1 Liter Luft soviel wiegt wie 1,3 Kubikzentimeter Wasser? Ein großes Postpaket von 60 Litern Inhalt erfährt einen Auftrieb von 0,76 Newton entsprechend dem Gewicht von 78 Gramm. Die Luft hilft der Post beim Pakettransport, bei schlechtem Wetter etwas weniger als bei Hochdruckwetterlagen (Deutschlands größtes Dienstleistungsunternehmen sollte das fairerweise durch eine geringfügige Senkung der Gebühren für sperrige Pakete – mit einem Schönwetterbonus – berücksichtigen).

Archimedisches Prinzip: Die Tragkraft eines Ballons (sein Auftrieb vermindert um das Gewicht des Füllgases) wird wie der Auftrieb durch Druckkräfte erzeugt, in diesem Fall durch den Druck, der außen und innen auf die Ballonhülle wirkt. Um die Tragkraft zu berechnen, geht man von der Druckverteilung in einer «Luftsäule» (einem vertikalen Zylinder aus Luft) aus, die bei konstanter Temperatur durch die sogenannte Barometrische Höhenformel $p = p_0\exp(-h/H)$ beschrieben wird, in der h die Höhe und p_0 der Druck in der Höhe $h = 0$ ist. Die Druckabnahme nach einem Exponentialgesetz rührt von der Kompressibilität der Luft her. Die Konstante H hat die Bedeutung einer von der Temperatur T der Luft abhängigen Bezugshöhe, die nach der Formel $H = RT/Mg$ von der universellen Gaskonstante R (= 8,31 kg $m^2s^{-2}mol^{-1}K^{-1}$), der Schwerebeschleunigung g (= 9,81 ms^{-2}) und der Molmasse M des Gases (für Luft 29 Gramm) abhängt. Für Luft zwischen 0 und 100° C liegt ihr Wert zwischen 8 und 11 Kilometern. In Ballons von höchstens 20 m Höhe ist h/H so klein, daß die Exponentialfunktion sehr genau durch die lineare Funktion $p = p_0(1 - h/H)$ dargestellt wird. In dieser Näherung nimmt der Luftdruck mit der Höhe nach dem gleichen Gesetz ab wie der Druck in einer Flüssigkeit konstanter Dichte, wofür Wasser ein Beispiel ist.

Sofern man die höhere Temperatur T_i im Innern des Ballons als überall gleich annehmen kann (oder darunter eine Durchschnittstemperatur im Ballon versteht) und die niedrigere Außentemperatur T_a sich über die Höhe des Ballons nur unbedeutend ändert, ist die Druckverteilung sowohl im Ballon als auch außerhalb barometrisch. Unten an der Ballonöffnung gleicht sich der Innendruck dem Außendruck an: $p_i = p_a = p_o$. Dagegen ändert sich dort die Dichte ρ (wie nach Voraussetzung die Temperatur T) sprungartig um einen Betrag $\Delta\rho$, der für Luft als ideales Gas mit der Zustandsgleichung $p = RT\rho/M$ die Größe $\Delta\rho = \rho_a - \rho_i = p_o(M/RT_a - M/RT_i)$ hat. Die als «Mediengrenze» bezeichnete Unstetigkeit der Dichte und der Temperatur an der Ballonöffnung wird zwar nicht streng beobachtet, ist aber ein brauchbares mathematisches Modell des raschen Übergangs vom Innen- zum Außenzustand des Gases. Die Bezugshöhe H ist wegen der höheren Temperatur innen geringfügig größer als außen. Der Druck nimmt daher innen etwas langsamer mit der Höhe ab als außen, was den Überdruck $\Delta p = p_i - p_a = gh \cdot \Delta\rho$ im Ballon zur Folge hat.

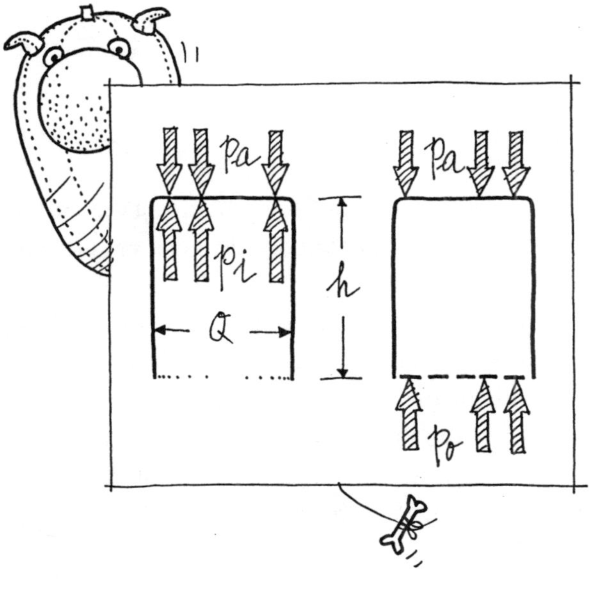

Die Tragkraft des Ballons ist die resultierende Kraft des Drucks auf die Ballonhülle. Für einen stehenden, zylindrischen Ballon läßt sie sich besonders leicht ausrechnen, weil der Druck auf die senkrechten Seitenwände keinen Beitrag leistet, sondern nur der Druck auf die horizontale Deckfläche (Querschnitt Q). Mit dem Ballonvolumen $V = Qh$ liefert die Summe der Druckkräfte auf die Ballonhülle die Archimedische Formel für die Tragkraft: $F = (p_i - p_a)Q = (\rho_a - \rho_i)Vg$. In gleicher Weise summieren sich die Druckkräfte auf die äußere Oberfläche der Ballonhülle und die Ballonöffnung zur Auftriebskraft: $A = (p_o - p_a)Q = \rho_a Vg$. Für einen Ballon beliebiger Gestalt ist die Auswertung schwieriger, führt aber zum selben Ergebnis.

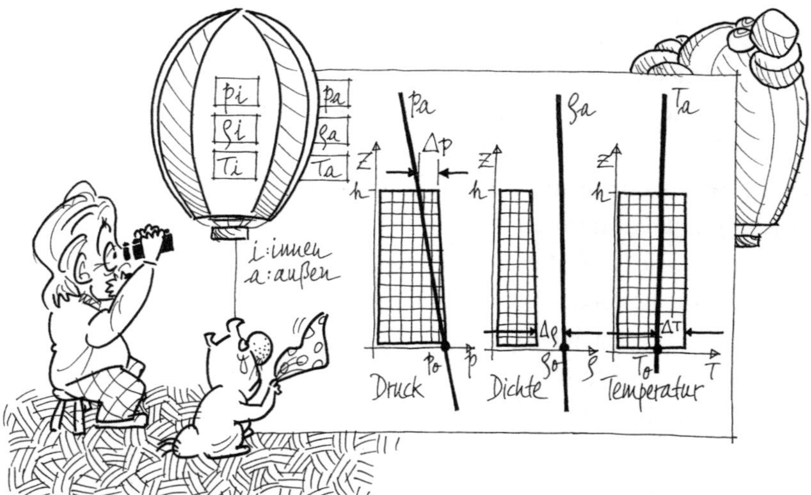

Die aus der Barometerformel in Verbindung mit der Gasgleichung folgende Dichteabnahme im Ballon ist übrigens vernachlässigbar klein gegen den Dichtesprung $\Delta\rho$ am Eingang. Das rechtfertigt nachträglich die Voraussetzung konstanter Dichte bei konstanter Temperatur im Ballon. Den Druck darf man aber bei dieser Betrachtung weder innerhalb noch außerhalb des Ballons konstant setzen. Vielmehr ist die verschieden rasche Abnahme des Drucks mit der Höhe im Ballon und außen der Grund des inneren Überdrucks und damit der Tragkraft des Ballons. Der Überdruck ist, selbst für hohe Heißluftballons, kleiner als ein Millibar. Große Tragkraft haben deshalb nur Ballone mit großer Querschnittsfläche und großer Höhe, also großem Volumen.

Mindestgröße: Ein Ballon steigt, wenn seine Tragkraft sein Gewicht übersteigt. Die Tragkraft *F* eines Ballons bemißt sich nach seinem Volumen, das Gewicht *G* seiner Hülle nach der Oberfläche. Wenn von Ballast und Nutzlast abgesehen wird und der Ballon nur seine Hülle zu tragen hat, hat die Kugel das günstigste Verhältnis von Tragkraft zu Gewicht, weil sie von allen Körpern mit dem gleichen Volumen die kleinste Oberfläche hat. Ein Kugelballon vom Radius r steigt, wenn $F = (4\pi/3)r^3\rho_o(1-T_o/T_i)g > 4\pi r^2\mu g = G$ gilt. μ ist die Masse pro Fläche der Ballonhülle, T_o und ρ_o sind Temperatur und Dichte am Start. Daraus folgt die Bedingung

$$r > \frac{3\mu}{\rho_o(1-T_o/T_i)}.$$

Bei den Seidenpapierballons muß man wegen der Klebränder für μ einen etwas größeren Wert einsetzen, als die Flächendichte des Papiers beim Einkauf beträgt, etwa μ = 30 Gramm pro Quadratmeter. Die Dichte der Luft ist ρ_o = 1,3 kg/m³. Bei der Außentemperatur 10° C (T_o = 283 K) und der mit einfachen Mitteln erreichbaren Innentemperatur 50° C (T_i = 323 K) ergibt sich r > 56 cm (oder ein Ballondurchmesser von etwas über einem Meter). Mit zusätzlichem Ballast (durch Draht zum Versteifen der Feuerungsöffnung und zum Befestigen der Watte) wird der Ballon noch etwas größer sein müssen. Wie Sie Ihren Ballon gestalten und mit welcher Technik Sie ihn bauen, sei Ihrer Phantasie überlassen. Vorteilhaft ist es nach unserer Erfahrung, ihn entweder schlanker oder platter zu bauen als eine Kugel, damit er bei Querwind in der Luft nicht zu sehr schaukelt und möglicherweise in Brand gerät. Starten Sie Ihren Ballon bitte in sicherer Entfernung von Gebäuden und Wäldern und geben Sie ihm möglichst wenig Spiritus auf die Reise mit! Ich möchte niemanden zur Brandstiftung anleiten.

Der Aufstieg: Sobald der Heißluftballon genügend vorgeheizt ist und seine Tragkraft sein Gewicht übertrifft (was man daran merkt, daß er nach oben zieht), wird er gestartet. Da er ungefähr so leicht wie Luft ist, erfährt der Ballon, gemessen an seiner Tragkraft, vom Wind einen bedeutenden Luftwiderstand. Fast augenblicklich nähert sich deshalb seine Horizontalgeschwindigkeit der örtlichen Windgeschwindigkeit an. Solange die Tragkraft sich vom Gewicht unterscheidet, kann der Ballon aber den Wind nie ganz einholen, selbst wenn der Wind gleichmäßig bläst. Vielmehr kommen Tragkraft und Gewicht nach kurzer Zeit mit dem geschwindigkeitsabhängigen Luftwiderstand ins Gleichgewicht. Nimmt man die Widerstandskraft entgegen der Relativgeschwindigkeit von Wind und Ballon und dem Betrage nach proportional zu ihrem Quadrat an, kann man die Steiggeschwindigkeit des Ballons berechnen.

Der Aufstieg des Ballons ist vor allem vom Zustand der Atmosphäre abhängig. Der Luftdruck p_a nimmt nach oben in dem Maße ab, in dem das auf dem Querschnitt lastende Luftgewicht kleiner wird. In aller Regel sinkt auch die Temperatur T_a der Atmosphäre mit der Höhe z über dem Erdboden. Die Ursache dafür ist, daß die Luft für Sonnenlicht und Wärmestrahlung durchlässig ist und sich vom Boden her erwärmt oder abkühlt. Unter der Voraussetzung, daß die Temperatur in den unteren Luftschichten, in denen sich der Ballon bewegt, mit wachsender Höhe z im konstanten Verhältnis $dT_a/dz = -\Delta$ abnimmt, lassen sich Temperatur, Druck und Dichte der ruhenden Atmosphäre als Funktionen der Höhe berechnen. Kennt man dazu die Übertemperatur $\theta = T_i - T_a$ im Ballon, kann man seine Tragkraft bestimmen. Sie nimmt bei konstanter Übertemperatur unter den gegebenen Voraussetzungen mit der Höhe ab, theoretisch bis zum Wert Null in der Höhe T_o/Δ.

Der Ballon hört in der Höhe S auf zu steigen, in der die Tragkraft gleich seinem Gewicht $m_o g$ ist. Diese Höhe ergibt sich nach dem Vorausgehenden (unter der vereinfachenden Annahme, daß θ sehr viel kleiner als T_o ist) zu

$$S = \frac{T_o}{\Delta}\left[1 - \left(\frac{m_o}{\rho_o V}\frac{T_o}{\theta}\right)^{\alpha}\right].$$

Der Exponent $\alpha = (Mg/R\Delta - 2)^{-1}$ hat, zum Beispiel, den Wert 0,7, falls die Temperatur um $\Delta = 1$ Grad pro 100 Meter sinkt ($\Delta = g/c_p$; c_p spez. Wärme bei konst. Luftdruck – sog. «neutrale» Atmosphäre).

Aus dem Ergebnis lassen sich nützliche Schlüsse ziehen. Solange die Übertemperatur θ im Ballon niedriger als $T_0 m_0/\rho_0 V$ ist, steigt der Ballon gar nicht. Beispielsweise steigt ein kleiner Ballon vom Volumen V = 0,5 Kubikmeter mit einer Masse von m_0 = 100 Gramm (Hülle und Ballast) bei der Lufttemperatur T_0 = 288 K (15° C) nur für Temperaturen θ, die 44° überschreiten. Aber schon bei wenig höherer Übertemperatur steigt er einige Kilometer hoch. Die Aufstiegshöhe hängt so empfindlich von der Übertemperatur ab, daß man sie bei den unsicheren Angaben für θ, die zur Verfügung stehen, nicht genau vorhersagen kann.

Drachenkünste

Eine himmlische Kunstausstellung und was sie mit Drachensteigen zu tun hat

Bilder für den Himmel: Die Idee war im Augenblick geboren, erzählt Paul Eubel. In seiner Wohnung in Osaka, die er als Direktor des Goethe-Instituts bewohnte, spiegelte sich ein an seinen siebzehn Spannleinen aufgehängter Edo-Drachen in einem Gemälde von Antoni Tàpies. Das sah gerade so aus, als hätte der katalanische Maler sein Bild auf die große Rechteckfläche des Drachens gemalt. Welch ein Gedanke, die bedeutendsten Vertreter der modernen Malerei aus aller Welt einzuladen, eines ihrer Werke in leuchtenden Farben auf Japanpapier zu malen und die Bilder von japanischen Drachenmeistern, die als lebende Denkmäler die jahrhundertealte Tradition des Drachenbaus aus Bambus und Papier pflegen, in Kunstdrachen verwandeln zu lassen. Es würde eine imaginäre Galerie am Himmel entstehen, in der der Wind die Stärke fester Mauern ersetzen und gespannte Drachenschnüre an die Stelle stählerner Bilderhaken treten würden!

Der Gedanke nahm Gestalt an. Über hundert namhafte Künstler sagten zu, von Robert Rauschenberg über Jean Tinguely, Panamarenko, Friedensreich Hundertwasser und Niki de Saint-Phalle bis zu Horst Janssen und Klaus Staeck, um nur einige zu nennen. Bis es aber so weit war, daß die Bilder fliegen lernen sollten, hatte Paul Eubel mit Ikuko Matsumoto, der Projektassistentin, alle Hände voll zu tun, große Partien

Japanpapier an die Künstler zu versenden, die Drachenbauer zu engagieren und eine bedeutende deutsche Luftfahrtgesellschaft als kunstsinnigen Sponsor zu gewinnen.

Die Vernissage fand im Mai 1989 vor dem berühmten Schloß des Weißen Reihers im japanischen Himeji statt, eingeleitet vom dumpfen Klang der Riesentrommeln, die den Wind herbeilocken sollten. Fast alle Bilderdrachen schwebten in luftiger Höhe mit Ausnahme der ganz wenigen, die nach dem Willen ihrer Schöpfer nicht fliegen durften oder konnten. Rauschenbergs großer Rechteckdrachen «Skyhouse II», dessen Wert allein auf eine Million Dollar geschätzt wurde, stürzte bei einer Windflaute ab und bekam ein kleines Loch, das geflickt werden mußte. Der Künstler quittierte es mit Achselzucken und einem Lächeln. Auf die Sage des Ikarus anspielend, meinte er, Abstürzen sei das natürliche Risiko bei dem gefährlichen Abenteuer des Fliegens. Seitdem hat diese originelle Ausstellung moderner Kunst, von den Medien begleitet, eine mehrjährige Wanderung durch Japan und Europa gemacht, mit Stationen in Hiroshima, München, Hamburg, Rom, Paris, Moskau und anderen Städten. Inzwischen sind die Kunstdrachen nach Übersee gestartet, und wer sie noch ansehen will, muß ihnen über die Weltmeere nachfliegen.

Auftrieb und Widerstand: Wie hängt man über hundert große, schwere Bilderdrachen in den Wind – Drachen der unterschiedlichsten Formen, von Rechteck- über Sechseck- und Trapezdrachen bis zu Kasten- und Kettendrachen? Die Künstler entwarfen ihre Bilder für die Ausstellung außer in den empfohlenen Standardformen auch in Phantasiegestalten, die vorher wohl noch nie als Drachen geflogen waren. Jeder Drachen zwingt den in der Regel horizontal blasenden Wind auf seine Weise, eine Auftriebskraft senkrecht nach oben hervorzubringen, die größer als sein Gewicht ist, damit sie ihn vor dem Absturz bewahrt. Wer bei hoher Geschwindigkeit die flache Hand schräg gegen den Fahrtwind angestellt aus dem Autofenster hält, kann den entsprechenden Auftrieb fühlen und beim Experimentieren mit verschiedenen Anstellwinkeln der Hand feststellen, daß er mit dem Auftrieb stets auch eine Widerstandskraft in Windrichtung erfährt. Auftrieb ist ohne Widerstand nicht machbar.

Die Tragflächen von Flugzeugen werden mit wissenschaftlichen Methoden der Aerodynamik so gestaltet, daß ihr Auftrieb ein Vielfaches ihres Widerstandes beträgt. Nur dadurch sind Luftfahrzeuge schwerer als Luft möglich geworden. Bei Segelflugzeugen beträgt das Verhältnis des Auftriebs zum Widerstand (die sogenannte Gleitzahl oder der Cotangens des Gleitwinkels) bis zu 50. Aus diesem Grund und nicht um ihrer Schönheit willen haben die schlanken Kunstvögel auch sehr langgestreckte Flügel. Drachen mit ihren kurzen Tragflächen sind im Vergleich dazu miserable Flieger. Sie werden mit fast soviel Widerstand wie Auftrieb geflogen. Der große Widerstand gereicht ihnen aber nicht zum Nachteil, weil Drachen durch ihre Schnur an die Erde gefesselt sind und die Schnurkraft dem Widerstand das Gleichgewicht hält. Segelflugzeuge würden unter den gleichen aerodynamischen Bedingungen steil nach unten gleiten. So ergeht es auch Drachen, deren Leine durchgeschnitten wird, wie bei den Drachenkämpfen in Indien, Japan und anderswo.

Flugleistungen: Angesichts der großen Vielfalt von Drachenformen ist es zweckmäßig, die Mechanik des Drachensteigens soweit wie möglich vom individuellen aerodynamischen Verhalten der Drachen zu trennen. Die aerodynamischen Eigenschaften eines vorgelegten Drachens im Gleichgewicht mit konstantem Wind der Geschwindigkeit U lassen sich in drei Funktionen des Anstellwinkels α zusammenfassen, die entweder aus Berechnungen oder aus Messungen in einem Windkanal gewonnen werden. Für Drachen braucht man sie bis zu großen Anstellwinkeln, unter denen Flugzeuge nicht fliegen können. Um die Jahrhundertwende haben mehrere Aerodynamiker, darunter Otto Lilienthal und Gustave Eiffel (der Erbauer des weltbekannten Eiffelturms), solche Experimente durchgeführt. Die Ergebnisse der Messung von Auftrieb und Widerstand lassen sich in der folgenden Form darstellen:

$$A = \frac{\rho}{2} U^2 F\, c_a(\alpha),$$

$$W = \frac{\rho}{2} U^2 F\, c_a(\alpha).$$

Dabei wird angenommen, daß die Auftriebskraft und die Widerstandskraft der Flügelfläche F und dem sogenannten Staudruck $\rho U^2/2$ proportional sind, der seinerseits mit dem Quadrat der Windgeschwindigkeit U wächst; ρ bezeichnet die Luftdichte. Der Auftriebsbeiwert c_a und der Widerstandsbeiwert c_w sind für jeden Drachen charakteristische empirische Funktionen des Anstellwinkels α. Außer der Größe der Windkraft hat Eiffel auch die Lage ihres Angriffspunkts (des Druckpunkts) an der Tragfläche vermessen. Sein Abstand x von der Drachenspitze ist ebenfalls eine empirische Funktion des Anstellwinkels α, die für jeden einzelnen Drachen bestimmt

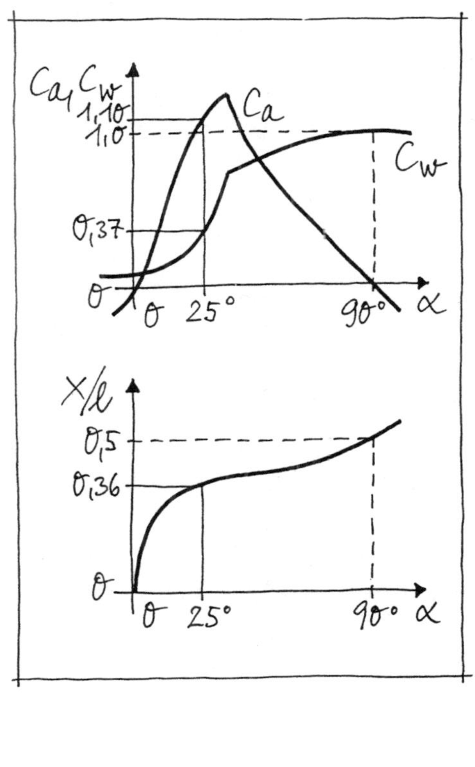

werden muß: $x = x(\alpha)$. Typische Verläufe der Funktionen $c_a(\alpha)$, $c_w(\alpha)$, $x(\alpha)$ sind in den Grafiken dargestellt. Die Bezugslänge ℓ ist die Länge des Drachens ohne Schwanz. Diese drei Funktionen bilden die Grundlage der denkbar einfachsten Theorie des Drachensteigens.

Gleichgewicht im Wind: Wie hoch kann ein Drachen mit bekannten aerodynamischen Eigenschaften an einer Drachenschnur konstanter Länge in einem horizontalen Wind der Geschwindigkeit U steigen?

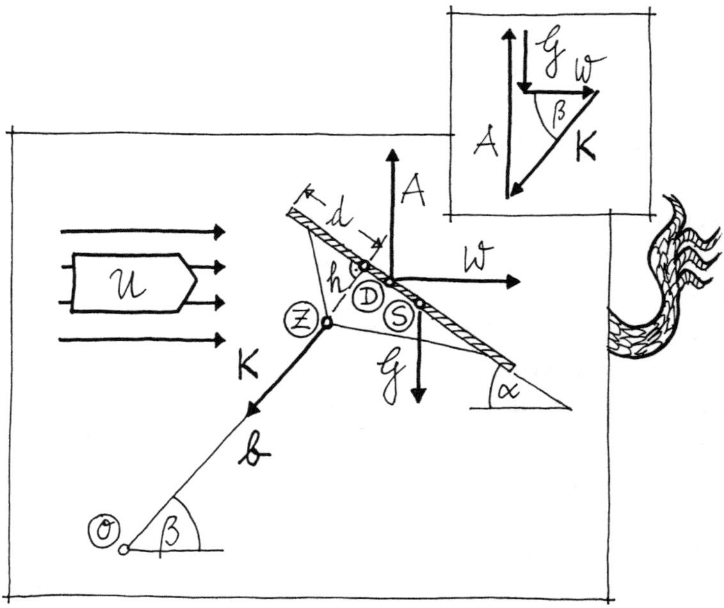

Erfahrungsgemäß stellt sich ein symmetrischer Drachen quer zum Wind. Die Mittellinie des Drachens bleibt mit der Drachenschnur in einer Vertikalebene wie der gezeichnete Schnitt durch die Mitte des Drachens in der Papierebene. Wenn der Drachen an einer Schnur der konstanten Länge b gehalten wird, hat er nur zwei Freiheitsgrade der Bewegung. Um mit dem Wind ins Gleichgewicht zu kommen, wählt er sich seinen Anstellwinkel α gegen die Windrichtung und seinen Schnurwinkel β am Drachen. Dabei wird nicht berücksichtigt, daß die Drachenschnur infolge ihres Gewichts und des Winddrucks durchhängen und daher unten an der Hand einen anderen Winkel mit der

Horizontalen bilden könnte. Das Gleichgewicht der Kräfte am Drachen läßt sich in einem geschlossenen Krafteck darstellen, aus dem die Gleichgewichtsbedingungen

$$\tan\beta = \frac{c_a(\alpha) - g}{c_w(\alpha)}$$

$$K = \frac{\rho}{2} U^2 F \sqrt{(c_a(\alpha) - g)^2 + c_w{}^2(\alpha)}$$

abzulesen sind. Auftrieb, Widerstand und Gewicht sind in den Gleichungen durch den Staudruck $\rho U^2/2$ und die Flügelfläche F des Drachens normiert; insbesondere bedeutet $g = 2G/\rho U^2 F$.

Damit der Drachen sich vom Boden erhebt ($\beta > 0$), muß sein Auftrieb größer als sein Gewicht sein: $A = \rho U^2 F c_a/2 > G$. Setzt man näherungsweise $c_a \approx 1$, kann man abschätzen, wieviel Wind ein Drachen zum Steigen mindestens braucht:

$$U > \sqrt{\frac{2G}{\rho F}}.$$

Ein leichter Drachen vom Gewicht $G = 1$ kp mit der großen Flügelfläche $F = 1\ \mathrm{m}^2$ braucht Wind von mehr als 4 Metern in der Sekunde (15 Stundenkilometern oder Windstärke 3). Die geringe Dichte der Luft ($\rho = 1{,}3\ \mathrm{kg/m}^3$) trägt zu diesem Ergebnis bei.

Der schwierigste Teil der Aufgabe besteht in der Ermittlung des Anstellwinkels α, den der Drachen in der Ruhelage einnimmt. Er folgt aus dem Gleichgewicht der Drehmomente, die den Drachen um den Zugpunkt Z der Waage drehen können, in dem die Schnur befestigt ist. Zur Vereinfachung wird die (für den stabilen Flug des Drachens gleichwohl wichtige) Länge h der Waage null gesetzt und die Drachenschnur unmittelbar am Drachen befestigt gedacht. Der Zugpunkt Z liegt also im Abstand d von der Drachenspitze in der Ebene des Drachens. Der Schwerpunkt S habe den Abstand s, und der Druckpunkt D stellt sich, abhängig von α, im Abstand x ein. Das Gleichgewicht der Drehmomente um Z liefert die Bestimmungsgleichung für den Anstellwinkel α des Drachens. Da sie von den drei empirischen Funktionen c_a, c_w und x abhängt, läßt sie sich nicht einfach nach α auflösen. Deshalb geht man umgekehrt vor und wählt den Anstellwinkel α, unter dem der Drachen fliegen soll (bzw. die Gleitzahl $c_a(\alpha)/c_w(\alpha)$), und bestimmt sich dazu die Lage d des Zugpunkts am Drachen:

$$d = \frac{(c_a + c_w \tan\alpha)x - gs}{c_a + c_w \tan\alpha - g}.$$

Für ein Beispiel wurde $\alpha = 25°$ gewählt. Aus den aerodynamischen Diagrammen lassen sich für diesen Winkel $x/\ell = 0{,}36$; $c_a = 1{,}10$ und $c_w = 0{,}37$ ablesen. Liegt der Schwerpunkt in der Mitte des Drachens ($s/\ell = 0{,}5$) und ist der relative Einfluß des Gewichts $g = 2G/\rho U^2 F = 0{,}2$, findet man $d/\ell = 0{,}33$. Der Schnurwinkel beträgt unter den angegebenen Bedingungen $\beta = 68°$. Die Gleitzahl hat den Wert 3. Der Drachen wird also mit so viel Widerstand geflogen, daß er im Gleitflug auf eine Strecke von drei Metern einen ganzen Meter an Höhe verlieren würde.

Drachen an der Leine

Drachensteigen – wie der Wind Fesseldrachen an den Himmel segeln läßt

Drachenprobe: Der Drachenmeister lehnte den eben fertiggestellten Drachen zum Probestart hochkant an die Wand der Halle und legte von der Waage des Drachens aus ungefähr acht Meter Drachenschnur auf dem Boden aus. Als er das freie Ende der Schnur im Lauftempo horizontal in den Raum zog, stieg der Drachen steil bis unters Hallendach und folgte ihm schließlich unter einem Winkel von schätzungsweise 40 Grad, bis der Drachenmeister seinen Lauf abbremste. Wie war es möglich, fragte ich mich, daß der Drachen steigen konnte, obwohl der Anstellwinkel seiner Tragfläche gegen die Zugrichtung, die ich mit der Richtung des Fahrtwindes gleichsetzte, am Anfang größer als 90 Grad war? Man unterschätzt leicht die Eigengeschwindigkeit des Drachens beim Steigen, insbesondere wenn man ihn selbst führt und wenn die Drachenschnur lang ist. Der Fahrtwind, der sich dem natürlichen Wind überlagert, trägt erheblich zur Windkraft auf den Drachen bei.

Steiggleichgewicht: Abgesehen von Gier- und Rollbewegungen hat ein Drachen, der an der Drachenschnur geführt wird, nur zwei Freiheiten, seine Lage nach den auf ihn wirkenden Kräften und Drehmomenten einzurichten, um ins Gleichgewicht zu kommen. Er kann erstens steigen oder sinken, das heißt, seinen Schnurwinkel β vergrößern oder verkleinern. Zweitens kann er seinen Anstellwinkel α gegen die Windrichtung ändern, indem er sich um den Zugpunkt Z seiner Waage dreht. Der Zugpunkt ist daher der ruhigste Punkt am Drachen. Das hat schon der begeisterte Drachenamateur und Journalist William A. Eddy herausgefunden, als er, damals noch ein Junge, 1865 eine Laterne an seinen Drachen hängen wollte. Der Drachen kann nicht die Schnurlänge ändern; das liegt in der Hand des Drachenführers.

Der Start des Drachens erfolgt in der Regel aus einer Lage, die vom Gleichgewicht weit entfernt ist, zum Beispiel vom Boden aus (β = 0). Bei hinreichend großer Windgeschwindigkeit *U* fängt der Drachen zu steigen an. Dabei beschleunigen ihn die vorübergehend nicht im Gleichgewicht stehenden Kräfte und Drehmomente, die vom Wind, vom Gewicht des Drachens und vom Zug an der Schnur herrühren, in Sekundenschnelle auf eine gewisse Steiggeschwindigkeit *v* und drehen ebenso rasch seine Anstellrichtung, bis er ein vorübergehendes Gleichgewicht erreicht hat, das Steiggleichgewicht. Im Steiggleichgewicht steigt der Drachen quasistatisch unter der Wirkung des effektiven Windes *U**, der durch Überlagerung des Fahrtwindes vom Betrag *v* über den natürlichen Wind U entsteht. Diese Beschreibung der Drachenbewegung setzt voraus, daß die Trägheit des Drachens (Masse und Trägheitsmomente) nur in einer sehr kurzen Beschleunigungszeit Einfluß auf die Bewegung des Drachens hat, die vernachlässigbar gegen die Dauer der Steigzeit ist. Derartig kurze Anlaufzeiten bei anschließenden langen Laufzeiten trifft man verschiedentlich in Mechanismen, in denen große Kräfte den Ausgleich suchen, zum Beispiel in Uhrwerkspielzeugen, in denen das Antriebsmoment der Feder in Sekundenbruchteilen mit dem Reibungsmoment des Hemmwerks in ein Kriechgleichgewicht kommt. Danach läuft das Auto oder die Eisenbahn lange Zeit mit fast konstanter Geschwindigkeit.

Geometrie des Steigens: Beim Drachensteigen muß Schnur von der Haspel freigegeben und beim Einholen des Drachens wieder aufgespult werden. Zur vollständigen Beschreibung der Drachenbewegung gehört daher auch eine vorgeschriebene Änderung der Länge b der Drachenschnur. Damit setzt sich die Eigengeschwindigkeit v des Drachens aus zwei Komponenten zusammen, der Geschwindigkeit $\dot{b}$ der Drachenschnur und der Steiggeschwindigkeit $b\dot{\beta}$ senkrecht zur Drachenschnur (die Punkte über den Symbolen bedeuten Zeitableitungen). Der aerodynamisch wirksame, effektive Wind U^* bläst nicht horizontal wie der natürliche Wind U, sondern aus der Richtung γ. Der effektive Anstellwinkel des Drachens gegen den Wind ist entsprechend $\alpha^* = \alpha - \gamma$, der effektive Schnurwinkel gegen die geänderte Windrichtung $\beta^* = \beta + \gamma$. Die Schnurgeschwindigkeit $\dot{b}$ und die Steiggeschwindigkeit $b\dot{\beta}$ können groß, sogar größer als U sein. Daher ist γ im allgemeinen ein großer Winkel, und U^* unterscheidet sich beträchtlich von U.

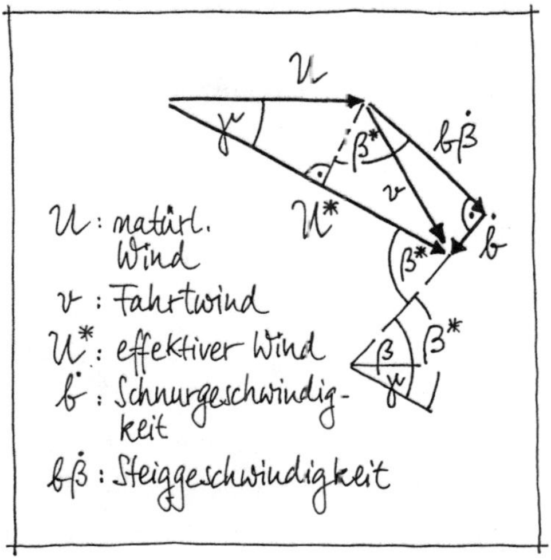

Aus dem Geschwindigkeitsdiagramm läßt sich elementargeometrisch die Gleichung für das Drachensteigen ableiten. Dazu wird in dem von U, v und U^* als Seiten gebildeten Dreieck die Höhe über der Seite U^* errichtet. Durch senkrechte Projektion der Strecken $b\dot{\beta}$ und $\dot{b}$ auf diese Höhe ergibt sich die Gleichung

$$U \sin\gamma = b\dot{\beta} \cos\beta^* + \dot{b} \sin\beta^*.$$

Die Schnurlänge $b(t)$ wird willkürlich gesteuert und ist als bekannt zu betrachten. Also stellt die Gleichung eine Differentialgleichung für die Richtung $\beta(t)$ dar:

$$\dot{\beta} = \frac{U \sin(\beta^* - \beta)}{b \cos\beta^*} - \frac{\dot{b}}{b} \tan\beta^*.$$

Sie hat für die Theorie des Drachensteigens grundlegende Bedeutung. Um aus ihr das Steigen des Drachens berechnen zu können, muß man den Anfangswert β_0 von β beim Start und die Schnurlänge $b(t)$ im betrachteten Zeitraum vorgeben sowie für jede Lage β den effektiven Schnurwinkel β^* aus den Bedingungen des Steiggleichgewichts bestimmen.

Gleichgewichtsbedingungen: Der Auftrieb A und der Widerstand W des Drachens, dessen Tragfläche um den Winkel α gegen den Wind angestellt ist, werden wie üblich proportional zum Staudruck $\rho U^2/2$ des Windes und zur Tragfläche F des Drachens angenommen (vgl. «Drachenkünste», S. 208 ff.):

$$A = \frac{\rho}{2} U^2 F c_a(\alpha).$$

und

$$W = \frac{\rho}{2} U^2 F c_w(\alpha).$$

Darin sind der Auftriebsbeiwert c_a und der Widerstandsbeiwert c_w empirische Funktionen des Anstellwinkels α, die für jeden Drachen durch Messung bestimmt werden müssen. Zur vollständigen Beschreibung der aerodynamischen Eigenschaften des Drachens braucht man außerdem das Drehmoment der Windkräfte um einen beliebigen Punkt des Drachens oder aber den Abstand $x(\alpha)$ des Druckpunkts D, um den die Windkräfte kein Drehmoment ausüben. Bei ebenen quadratischen Platten wandert er zum Beispiel mit wachsendem Anstellwinkel α von der Nähe der Drachenspitze zur Mitte des Drachens.

Für das Steiggleichgewicht sind die Gleichgewichtsbedingungen zum effektiven Wind U^* und mit den effektiven Winkeln α^* und β^* aufzustellen. Um später die Beispiele mit elementaren Funktionen beschreiben zu können, beschränke ich mich auf den etwas akademischen Grenzfall sehr starken Winds, in dem das Drachengewicht gegen die Kräfte vernachlässigt werden kann, die mit dem Wind anwachsen. Im Grenzfall müssen Windkraft und Schnurkraft entgegengesetzt gleich sein und dieselbe Wirkungslinie haben. Das bedeutet:

$$\tan\beta^* = \frac{c_a(\alpha^*)}{c_w(\alpha^*)}$$

und

$$\frac{h}{x(\alpha^*) - d} = \tan(\alpha^* + \beta^*).$$

Die effektiven Winkel α^* und β^* haben also für die ganze Reise des Drachens konstante Werte, wodurch die Lösung sehr erleichtert wird.

Selbst in diesem einfachen Fall lassen sich die Gleichgewichtsbedingungen nicht elementar nach α^* auflösen. Wir geben vielmehr α^* vor und lesen aus den Diagrammen für c_a, c_w und x (vgl. «Drachenkünste») die α^* entsprechenden Werte ab. Danach läßt sich β^* ausrechnen und, wenn noch die Länge h der Waage vorgeschrieben wird, auch die Koordinate d des Zugpunkts bestimmen.

Für $\alpha^* = 25$ Grad findet man beispielsweise $x/\ell = 0{,}36$ (ℓ ist die Länge des Drachens), $c_a = 1{,}10$ und $c_w = 0{,}37$. Dafür folgt aus der Gleichgewichtsbedingung $\beta^* = 71$ Grad. Wählt man noch die Waagenlänge $h = 0{,}25\ \ell$, ergibt sich für die Druckpunktskoordinate $d = 0{,}39\ \ell$. Es folgen zwei Beispiele.

Steigen bei konstantem Wind *U*: Dabei wird die Schnurlänge konstant gehalten: $b = b_o\ (\dot{b} = 0)$. Wenn der Drachen zur Zeit $t = 0$ aus der Anfangslage β_o gestartet wird, steigt er nach dem Zeitgesetz

$$\beta = \beta^* - 2 \arctan\left[\tan \frac{\beta^* - \beta_o}{2} \exp\left(-\frac{Ut}{b_o \cos \beta^*}\right)\right].$$

Beim Start vom Boden aus ist $\beta_o = 0$. Bei der Schnurlänge $b_o = 20$ m und der Windgeschwindigkeit $U = 2$ m/s hat die Zeitkonstante b_o/U den Wert 10 Sekunden, der die Größenordnung der Steigzeit angibt. Der Anstellwinkel des Drachens gegen den Boden, $\alpha = \alpha^* + \beta^* - \beta$, fällt von anfänglich $\alpha^* + \beta^* = 96$ Grad bis auf $\alpha^* = 25$ Grad ab.

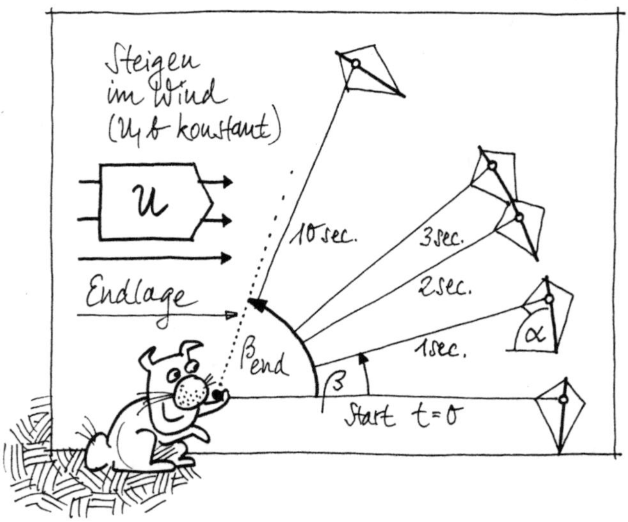

Windenstart: Es herrsche Windstille ($U = 0$). Der Drachen wird durch rasches Einziehen der Drachenschnur zum Steigen gebracht ($\dot{b} < 0$). Er steigt aus der Anfangslage β_o zur Zeit $t = 0$, zu der die Drachenschnur die Länge b_o hat, nach dem Zeitgesetz

$$\beta = \beta_o + \tan \beta^* \log \frac{b_o}{b(t)}.$$

Der Weg des Drachens ist ein Stück einer logarithmischen Spirale. Die Steiggeschwindigkeit hängt von der Schnurgeschwindigkeit $\dot{b}$ ab, die in der Darstellung gar nicht auftritt. Da der Drachen in den Beispielen zur Vereinfachung als gewichtslos vorausgesetzt wurde, könnte er theoretisch in jeder Stellung stehenbleiben, ohne herunterzufallen. Da aber kein Wind weht, steht dieser Fall im Widerspruch zur Voraussetzung, nach der das Gewicht klein gegen die Kraft des effektiven Windes sein muß.

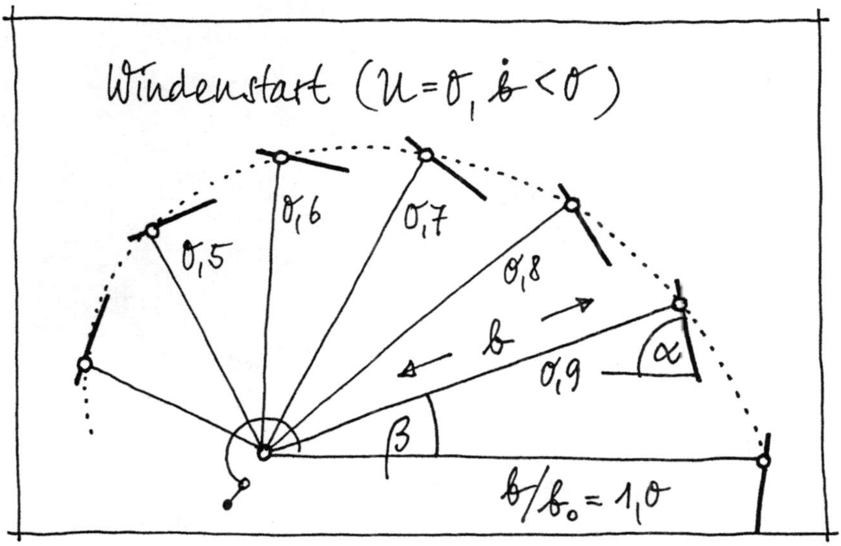